Deepen Your Mind

明志科技大學校長特別推薦

　　AI 發展的階段性成果，以 ChatGPT 最具代表性，這個新工具將以無法想像的速度演化及成長，對許多行業及就業市場也會造成影響，與其恐慌，不如擁抱利用它忠誠知識型助理的特質，來增加自己面對改變、突破瓶頸、以及產生創意的能力，迎接人類和機器共生的未來！

劉祖華 博士

各領域專家學者聯合推薦

王德緯博士：美國伊利諾大學教授

李志真博士：美國北伊利諾大學教授

林晉寬博士：明志科技大學管理暨設計學院院長

林志娟博士：淡江大學前統計系系主任、淡江大學 AI 創智學院執行長

洪國永博士：明志科技大學工程學院院長、智慧醫療研究中心主任

張慶暉博士：銘傳大學前研發長、前統計系系主任

蔡桂宏博士：銘傳大學前副研發長

蘇家弘博士：明志科技大學化工系系主任、全球前 2% 頂尖科學家
　　　　　　（World's Top 2% Scientists 2022）

（依照姓氏筆畫排序）

AI 和 ChatGPT
人類和機器共生的未來
序

2022 年 11 月 30 日 OpenAI 公司發表了 ChatGPT，突破了過去聊天機器人只能在特定規則回應的限制，深深感受到這是人類歷史的另一個產業革命，我們可以稱「AI 革命」，這也激起了筆者撰寫「ChatGPT 領域」系列書籍的動力。

本書詳細探討了人工智慧（AI）與自然語言處理技術的最新發展，尤其是聚焦於 ChatGPT 這一領域的突破。在這個知識迅速擴張的時代，以深入淺出的方式，闡述了 AI 技術如何改變著人類的生活，並勾勒出未來共生的畫卷。

本書筆者首先回顧了人工智慧的發展歷程，從圖靈測試 (Turing Test) 的觀念開始、早期的專家系統，到當今的深度學習和神經網絡。接著，本書深入剖析了這些技術如何應用於各個 AI 領域，例如：AI 繪圖、AI 音樂。在這個過程中，ChatGPT 這一技術得到了特別的關注，分析了它在文字生成、翻譯、情感分析等方面的應用。

書籍的中後半部分，筆者透過大量分析，展示了 ChatGPT 如何與人類互動，提高工作效率，並協助人類應對日常挑戰。同時，也不避諱地探討了這些技術可能帶來的風險和挑戰，如機器偏見、隱私問題和失業等，並就如何應對這些挑戰提出了建議。

本書內容呈現了一幅充滿機遇與挑戰的未來圖景，在閱讀本書的過程中，希望您能夠深刻理解 AI 和 ChatGPT 的潛力，並激發您思考如何在這個充滿變革的時代，積極地應對挑戰。此外，本書還闡述了 ChatGPT 在教育、醫療、經濟和其他領域的應用前景，以及如何實現人類與機器的和諧共生。筆者認為，透過持續創新和技術進步，人類將在未來與 AI 達到真正的共生關係，共同創造更美好的世界。

這本書不僅適合對 AI 技術和 ChatGPT 感興趣的讀者，也適合那些希望了解未來科技趨勢、尋求創新解決方案和擁抱變革的人士。透過這本書，您將獲得對當前技術發展的深入了解，並探討其對未來社會的影響。

最重要的是，當你完成本書閱讀後，希望您能從中獲得啟示和靈感，邀請您思考如何在這個科技日新月異的時代，透過理解 AI 和 ChatGPT 的力量，學會如何善用這些技術，扮演一個積極的角色，成為橋樑，連接人類與機器，開創更美好的未來，為自己和社會創造更大的價值，為人類和機器的共生發展做出貢獻。

祝您閱讀愉快，期待您在 AI 和 ChatGPT 的世界中，開創更美好的未來，編著本書雖力求完美，但是學經歷不足，謬誤難免，尚祈讀者不吝指正。

洪錦魁 2023/04/15
jiinkwei@me.com

目錄

第 4 章　AI 繪圖

第 8 章　健康與醫療 - 患者諮詢和疾病預測

第 9 章　創意產業 - 作家助手和藝術創作

第 10 章　社交媒體和遊戲 - 虛擬社交互動和遊戲角色

第三篇　社交媒體和遊戲 - 虛擬社交互動和遊戲角色

第 11 章　機器學習與道德倫理 - 數據隱私和偏見消除

第 12 章　AI 與就業市場 - 自動化帶來的挑戰與機遇

第 14 章 數位助手在日常生活中的角色與影響

第 15 章 智慧城市與 AI：提高生活品質和城市運作效率

第四篇　展望 ChatGPT 和 AI 的新趨勢

第 16 章　下一代 AI 模型 GPT-5 的潛力與未來

第 17 章 跨模態 AI：結合視覺、聽覺和語言的未來

第 18 章 聯邦學習與分散式 AI：保護隱私的新方法

第 19 章　AI 在全球治理與國際關係中的角色

第 20 章　邁向超級智慧：人工智慧的長期前景與道德挑戰

第一篇

AI 和 ChatGPT 的基礎知識

第 1 章

AI 的歷史與未來

這一章將回顧人工智慧的發展歷程，和簡略的探討其未來的趨勢和可能性。

1-1　早期階段（20 世紀 40-50 年代）

人工智慧（Artificial Intelligence，縮寫 AI）的概念早在 20 世紀 40-50 年代就已經出現。當時一些科學家和哲學家開始探討，如何將人類的智慧過程模擬到機器上。以下是該時期的一些重要事件和發展：

❑ 艾倫 · 圖靈（Alan Turing）是 AI 歷史上的先驅人物之一，在 20 世紀 40 年代，他提出了「圖靈測試」（Turing Test），該測試是評估機器是否具有智慧的一個標準。圖靈測試的基本思路是，如果一個機器能夠在自然語言對話中模仿人類，使評判者無法區分對方是機器還是人類，那麼這個機器就通過了測試，被認為具有智慧。

❑ 在 20 世紀 40 年代末至 50 年代初，克勞德 · 香農（Claude Shannon）和華倫 · 麥卡洛克（Warren McCulloch）等研究者提出了以數學和電路為基礎的神經網絡模型。這些模型構成了後來神經網絡和深度學習技術的基礎。

❑ 20 世紀 50 年代，約瑟夫 · 麥卡錫（John McCarthy）和馬文 · 門斯基（Marvin Minsky）等人提出了以符號學為基礎的 AI 方法。這些方法將問題表示為符號（如邏輯語句），並透過推理和搜索來尋找解決方案。這一時期的研究成果包括 GPS（General Problem Solver，通用問題求解器）和 LISP（一種用於 AI 研究的程式設計語言）等。

❑ 1950 年代，羅素·艾克萊（Russell Ackley）和馬克·羅許（Mark Rochkind）等人提出了以概率和統計為基礎的 AI 方法，這些方法透過學習數據中的潛在規律來解決問題，這些方法為後來的機器學習技術奠定了基礎。

❑ 1956 年，達特茅斯會議（Dartmouth Conference）被認為是人工智慧正式成立為一個研究領域的標誌。在這次會議上，約瑟夫·麥卡錫、馬文·門斯基、納撒尼爾·羅切斯特（Nathaniel Rochester）和克勞德·香農等學者共同提出了 AI 這一術語，並討論了以規則為基礎的方法、神經網絡和自動推理等方面的研究。

❑ 20 世紀 50 年代後期至 60 年代初，AI 領域獲得了一定程度的支持與發展。美國國防部高級研究計劃局（DARPA）等機構投入了大量資金支持 AI 研究。在這一時期，出現了一些具有里程碑意義的成果，如 ELIZA（一個早期的自然語言處理系統）、MYCIN（一個以規則為基礎的醫學專家系統）等。

❑ 20 世紀 60 年代，AI 領域開始關注知識表示（Knowledge Representation）問題。研究者們試圖將人類的知識用一種適合計算機處理的方式表示出來，並透過計算機程式來進行推理和學習。這一時期的成果包括語義網（Semantic Networks）和框架（Frames）等知識表示方法。

綜上所述，AI 歷史的早期階段（20 世紀 40-60 年代）主要集中在以下幾個方面：

● 探討 AI 的概念和基本原理，如圖靈測試等。

● 發展以數學和電路為基礎的神經網絡模型。

- 提出以符號學為基礎的 AI 方法，如 GPS 和 LISP 等。
- 探索以概率和統計為基礎的 AI 方法，為機器學習奠定基礎。
- 人工智慧作為一個獨立的研究領域的成立，如達特茅斯會議等。
- 取得一系列重要的研究成果，如 ELIZA、MYCIN 等。
- 開始關注知識表示問題，如語義網和框架等。

在這個階段，AI 的發展還處於初級階段，研究者們主要專注於設定基本概念、原理和方法。然而，這一時期的研究為 AI 領域奠定了基礎，並為後來的發展鋪路。

1-2 AI 冬眠期（20 世紀 70-80 年代）

AI 冬眠期（AI Winter）是指在人工智慧（AI）歷史上的幾個時期，由於技術瓶頸和資金短缺等原因，AI 研究和發展陷入低迷。AI 冬眠期主要發生在 20 世紀 70 年代至 80 年代，可以分為兩個階段：第一個階段從 1974 年左右開始，持續到 1980 年代初；第二個階段從 1987 年左右開始，持續到 1993 年。

❑　第一個 AI 冬眠期（1974 年至 1980 年代初）

在 20 世紀 50 年代至 60 年代，AI 研究取得了一系列重要成果，例如 GPS（通用問題求解器）、LISP（一種用於 AI 研究的程式設計語言）和 ELIZA（一個早期的自然語言處理系統）。這些成果激發了學術界和政府對 AI 的樂觀期望，使得大量資金投入到 AI 研究中。

然而，到了 20 世紀 70 年代初，人們逐漸意識到 AI 的發展遠比預期要困難。一些基本問題（如知識表示、推理和學習等）還沒有得到有效解決，而計算能力的限制也使得一些理論難以實現。此外，當時的 AI 研究缺乏一個統一的理論框架，各種方法和技術之間缺乏協同和互通。

在這個背景下，1974 年英國科學研究委員會發布了一份名為「Lighthill 報告」的評估報告，對當時的 AI 研究進行了嚴厲批評。報告認為，AI 的研究成果過於零碎，遠遠無法實現其過度樂觀的目標。報告的發布使得英國政府大幅削減了對 AI 研究的資助，進而引發了全球此研究領域的資金短缺。這一時期，許多 AI 實驗室被迫關閉，一些學者轉向其他研究領域。

❏ **第二個 AI 冬眠期**（1987 年至 1993 年）

在第一個 AI 冬眠期之後，AI 研究進入了一個新的階段，專家系統（Expert Systems）成為當時的研究熱點。專家系統是一種以規則為基礎的 AI 程式，可以在特定領域模擬人類專家的決策過程。20 世紀 80 年代初，專家系統取得了一定的成功，引起了業界和投資者的關注。

然而，到了 20 世紀 80 年代中期，專家系統的局限性逐漸暴露出來。這些系統難以擴展，並且對知識表示和推理的要求過高。此外，由於缺乏學習和適應能力，專家系統難以應對變化和不確定性。同時，計算機硬體的發展使得更多的應用領域傾向於選擇以數據和統計為基礎的方法，如機器學習。

在這一背景下，專家系統的市場需求迅速下降，許多公司和投資者撤出了 AI 領域。與此同時，由於經濟衰退和預算削減，

AI 研究的資金支持也受到了影響。這一時期，AI 研究再次陷入低迷，成為第二個 AI 冬眠期。

　　儘管 AI 歷經兩次冬眠期，但在這些困難時期，AI 研究仍然取得了一些重要的成果。例如，以概率和統計為基礎的方法，貝葉斯（Bayes）網絡在此期間得到了發展，為後來的機器學習技術奠定了基礎。同時，一些研究者開始關注神經網絡和遺傳算法等新的 AI 方法，為 AI 的復興做好了準備。

　　總之，AI 冬眠期是 AI 歷史上的幾個關鍵時期，由於技術瓶頸和資金短缺等原因，AI 研究陷入低迷。然而，在這些困難時期，AI 研究仍然取得了一些重要的成果，為後來的發展奠定基礎。

1-3 機器學習與神經網絡的興起
（20 世紀 90 年代至 21 世紀初）

❏ 機器學習的興起

　　機器學習是一個 AI 的子領域，它使計算機能夠透過從數據中學習來改進自身的性能。機器學習與傳統的以特定規則為基礎的方法有很大不同，因為它不需要人類事先編寫明確的規則和邏輯。

　　20 世紀 80 年代初，機器學習研究逐漸吸引了學術界的關注。在這一時期，一些重要的機器學習算法被提出，如決策樹、支持向量機（SVM）和隨機森林等。這些算法透過從數據中自動學習特徵和模式，使得計算機能夠解決複雜的問題，如圖像識別、語音識別和自然語言處理等。

機器學習的興起得益於多個因素。首先，計算機硬體的發展使得大規模數據處理變得可能，從而為機器學習提供了充足的數據資源。其次，統計學和概率理論的進展為機器學習提供了理論支持。此外，一些成功的應用案例（如信用評分和醫療診斷等）也激發了業界對機器學習的興趣。

❏　神經網絡的興起

神經網絡是一種模擬人類大腦運作的計算模型，它由大量的神經元組成，這些神經元透過加權連接來表示和處理資訊。神經網絡的研究始於 20 世紀 40 年代，但直到 20 世紀 80 年代末和 90 年代初，才取得了重要的突破。

在這一時期，一個關鍵的技術成果是反向傳播（Backpropagation）算法的提出。反向傳播算法使得多層神經網絡可以有效地訓練，從而提高了神經網絡的性能。此外，激活函數（如 ReLU）的改進以及權重初始化策略等方法的出現，也解決了梯度消失和梯度爆炸等訓練過程中的問題。

神經網絡的興起同樣得益於計算機硬體的發展，特別是圖形處理單元（GPU）的出現。GPU 可以高效地執行大規模的並行運算，使得神經網絡的訓練速度得到了顯著提升。隨著硬體和數據資源的提升，研究者開始將神經網絡應用於更複雜的問題，如圖像識別、語音識別和遊戲智慧等。

在 21 世紀初，深度學習（Deep Learning）這一概念出現。深度學習是指使用多層神經網絡來自動學習層次化的特徵表示。深度學習在許多領域取得了突破性的成果，如 ImageNet 圖像識別挑戰賽中的 AlexNet、語音識別中的深度語音識別系統等。深度學習的成功使得神經網絡成為當今 AI 研究的核心技術。

　　總之，機器學習和神經網絡的興起源於多個因素，如計算機硬體的發展、數據資源的提升、理論和算法的進步等。這些技術在近年來取得了顯著的成功，並為 AI 領域的發展帶來了無數的創新和應用。隨著科技的進步，未來機器學習和神經網絡將繼續在各個領域發揮重要作用，推動人類社會的進步。

1-4　深度學習與 AI 革命（21 世紀 10 年代至今）

❑　深度學習的崛起

　　深度學習是機器學習的一個子領域，它主要使用多層神經網絡來學習數據的層次化表示。深度學習的崛起可以追溯到 2006 年，當時多個重要的理論突破和技術創新成為其催化劑。這些包括無監督訓練方法、卷積神經網絡（CNN）的改進、循環神經網絡（RNN）的發展以及 GPU 計算資源的廣泛應用。

　　這些創新使得深度學習在許多領域取得了顯著的成功。例如，2012 年，AlexNet 在 ImageNet 圖像識別挑戰賽中大幅超越了其他算法，標誌著深度學習在計算機視覺領域的突破。此外，深度學習在語音識別、自然語言處理、遊戲智慧等領域也取得了重要的成果。

❑　AI 革命的開始

　　深度學習的成功引發了一場 AI 革命。這場革命首先表現為對 AI 研究和應用的投資激增。大量的科研機構、企業和創業公司紛紛投入到深度學習和 AI 領域，希望從中獲得競爭優勢。同時，政府和非營利組織也加大了對 AI 研究的資助力度，以推動技術創新和經濟發展。

　　AI 革命還帶來了眾多創新和應用。在計算機視覺領域，深度學習技術大幅提高了圖像識別、目標檢測和語義分割等任務的準確率。在語音識別領域，深度學習使得語音識別系統能夠在各種環境下實現高精度的語音識別。在自然語言處理領域，深度學習改進了機器翻譯、情感分析、文字生成等應用的性能。在遊戲智慧領域，深度學習使得 AI 能夠在困難的遊戲環境中取得卓越的成績，例如 AlphaGo 戰勝了圍棋世界冠軍。

　　此外，AI 革命還引發了一系列跨學科的研究和合作。例如，生物學家和計算機科學家共同研究以深度學習為基礎的藥物發現和基因組學方法，以期加速醫藥研究和治療的發展。在金融領域，風險評估、信用評分和市場預測等問題的解決也得益於深度學習技術的進步。

❏ AI 革命的影響

　　AI 革命對社會和經濟產生了深遠的影響。首先，它提高了生產力和效率，使企業能夠更快地創新和擴展。此外，AI 技術為解決全球性挑戰（如氣候變化、醫療保健和教育等）提供了新的途徑。

　　然而，AI 革命也帶來了一定的挑戰。例如，隨著 AI 技術在各行各業的普及，許多傳統職位可能受到威脅。此外，數據安全和隱私問題也成為公眾關注的焦點。為了應對這些挑戰，政府和企業需要制定相應的政策和措施，以確保 AI 技術的可持續發展。

❏ 未來的展望

　　儘管深度學習和 AI 革命已取得了顯著的成果，但仍有許多問題有待解決。例如，當前的 AI 系統通常缺乏可解釋性 (explainability) 與穩健性 (robustness)，並且對大量標記數據的依

賴性較高。此外，AI 研究仍需探索如何實現真正的常識理解和多模態學習。

隨著技術的進步和研究的深入，未來的 AI 將在眾多領域取得更多的突破。我們可以期待以下幾個方向的發展：

- **可解釋 AI**：為了讓 AI 系統更具透明度和可信賴性，研究者正在探索可解釋性方法，讓人們能夠理解和評估 AI 的決策過程。

- **通用 AI**：目前的 AI 系統通常針對特定任務進行優化，尚未達到與人類智慧相媲美的通用能力。未來，研究者將繼續尋求實現具有廣泛泛化能力的 AI 系統。

- **多模態學習**：未來的 AI 可能需要更好地整合多種感知和認知能力，例如視覺、聽覺和語言等。多模態學習將有助於實現更為自然和靈活的人機互動。

- **少樣本學習和元學習**：為了減少對大量標記數據的依賴，研究者正在探索少樣本學習和元學習等技術，使 AI 能夠更快地從有限的數據中學習和適應。

- **AI 倫理和政策**：隨著 AI 技術在各個領域的應用日益廣泛，倫理和政策問題將越來越受到關注。未來，我們需要建立適當的法律和監管體系，以確保 AI 的發展能夠造福人類社會。

深度學習和 AI 革命已經改變了我們的生活和工作方式，在未來隨著技術的持續進步，AI 將會在更多領域創造更大的價值。然而我們也需要關注 AI 帶來的挑戰和風險，並積極尋求解決方案，以確保 AI 技術的可持續發展和人類社會的和諧共存。

1-5 AI 未來

　　更強大的 AI 模型肯定會出現，未來的 AI 模型將具有更強的推理、學習和創造能力，以應對更為複雜的問題。

- **可解釋性與可靠性**：AI 將在可解釋性和可靠性方面取得進展，使其在決策過程中更具透明度和可信度。

- **能源效率與環保**：AI 技術將在能源效率和環保方面取得突破，降低算法訓練和運行過程中的能源消耗和碳排放。

- **自主學習與適應**：AI 將具有更強的自主學習和適應能力，能夠更好地應對不同環境和條件，降低對人工監督的依賴。

- **AI 與人類智慧的融合**：未來的 AI 將更加貼近人類智慧，與人類的思維方式和語言能力更加接近，使得人類與 AI 之間的互動更加自然和高效。

- **普及化**：AI 技術將更加普及，使得更多人能夠獲得和使用這一技術，推動數字鴻溝的縮小，提高全球科技水平和生活品質。

- **安全性與隱私保護**：未來的 AI 將更加注重安全性和隱私保護，確保數據和算法在使用過程中不損害個人和組織的利益。

- **跨領域融合與創新**：AI 將在各個領域進行融合與創新，推動各行業的數字化轉型，提高生產效率和創新能力。

- **泛化 AI**：未來的 AI 將無處不在，從智慧家居到工業自動化，從醫療保健到交通管理，AI 將無所不及，為人類

生活帶來更多便利。

- **人機共生社會**：在未來的人機共生社會中，AI 將與人類形成互補關係，共同推動科技和社會的進步，構建更加和諧、可持續的未來世界。

AI 的歷史與未來是一個充滿變革和機遇的過程。我們有理由相信，隨著技術的不斷發展和創新，AI 將為人類帶來更多的可能性和挑戰。

第 2 章

AI 文字 – 聊天機器人 ChatGPT

ChatGPT 是 OpenAI 公司發展的產品，這一章將會簡單介紹與說明，讓讀者對 OpenAI 公司和 ChatGPT 有一個基礎的認識。

2-1　認識 OpenAI 公司

OpenAI 成立於 2015 年 12 月 11 日，由一群知名科技企業家和科學家創立，其中包括了 目前執行長 (CEO)Sam Altman、Tesla CEO Elon Musk、LinkedIn 創辦人 Reid Hoffman、PayPal 共同創辦人 Peter Thiel、OpenAI 首席科學家 Ilya Sutskever 等人，其總部位於美國加州舊金山。

註 又是一個輟學的天才，Sam Altman 在密蘇利州聖路易長大，8 歲就會寫程式，在史丹福大學讀了電腦科學 2 年後，和同學中輟學業，然後去創業，目前是 AI 領域最有影響力的 CEO。

OpenAI 的宗旨是推動人工智慧的發展，讓人工智慧的應用更加廣泛和深入，帶來更多的價值和便利，使人類受益。公司一直致力於開發最先進的人工智慧技術，包括自然語言處理、機器學習、機器人技術等等，並將這些技術應用到各個領域，例如醫療保健、教育、金融等等。更重要的是，將研究成果向大眾開放專利，自由合作。

OpenAI 在人工智慧領域取得了許多成就，發表了 2 個產品，分別是：

❑　DALL-E 2.0：這是依據自然語言可以生成圖像的 AI 產品。

❑　ChatGPT：人工智慧聊天機器人。

OpenAI 公司最著名的就是他們在 2022 年 11 月 30 日發表了 ChatGPT 的自然語言生成模型，由於在交互式的會話中有非常傑出的表現，目前已經成為全球媒體的焦點。

2023 年 3 月 14 日更是發表了可以閱讀圖像的 ChatGPT 4，ChatGPT 的成功，帶動了整個 AI 產業的發展。

除了開發人工智慧技術，OpenAI 也積極參與公共事務，並致力於推動人工智慧的良好發展，讓其在更廣泛的社會中獲得應用和認可。此外，OpenAI 公司也宣稱將製造通用機器人，希望可以預防人工智慧的災難性影響。

2-2 什麼是 ChatGPT ？

ChatGPT（Chatbot Generative Pre-trained Transformer）是一種以 GPT（生成式預訓練變換器）架構為基礎的人工智慧聊天機器人。它是由 OpenAI 開發的，旨在實現高度自然的人機對話。ChatGPT 利用大規模語言模型來理解和生成文字，能夠在各種情境下生成合適的回應。

GPT 是一種以 Transformer 架構為基礎的大型神經網絡。它的主要特點是自注意力機制（self-attention），這使得模型可以捕捉到輸入文字中的長距離依賴關係。GPT 模型首先透過大量無標籤數據進行無監督的預訓練，學習語言的一般規律和結構。接著，透過有監督的微調過程，使其適應特定的應用場景和需求。微調過程通常使用具有標籤的數據集，以便模型學會在特定任務中生成合適的回應。

　　ChatGPT 的特點在於其強大的自然語言理解和生成能力。與傳統的以特定規則或模組為基礎的聊天機器人相比，ChatGPT 能夠更自然地與人類進行對話，並生成有創意且富有表達力的回應。它可以理解較為複雜和模糊的語境，並在多種主題和領域中提供有深度的回應。

　　ChatGPT 在各行各業中的應用廣泛，包括客戶支持、內容創作（如撰寫文章、詩歌、故事等）、教育與培訓、程式碼生成與輔助編程，以及多語言翻譯。憑借其強大的語言能力，ChatGPT 有助於提高工作效率並為用戶帶來更好的體驗。

　　儘管 ChatGPT 具有優越的語言生成能力，但它仍存在一些局限。例如，在某些情況下，它可能無法充分理解語境，生成偏誤或無關的資訊，甚至可能過度詮釋用戶的問題。此外，ChatGPT 有時可能會生成出模糊或冗長的回應。

2-3 GPT-1 到 GPT-4 的演進

GPT-1

　　於 2018 年發布，是 OpenAI 發布的第一個 GPT 模型，使用了 12 層 Transformer 架構，包含 1 億 1700 萬個參數，可以用於文字生成、摘要、翻譯等任務。

GPT-2

於 2019 年發布，使用了更大的數據集和更高級別的計算，有 15 億個參數，比 GPT-1 多了 10 多倍。它不僅可以生成高質量的自然語言文字，還可以完成一些更具挑戰性的任務，如問答、文章摘要、機器翻譯等。

GPT-3

於 2020 年發布，是當時最大的自然語言處理模型之一，使用了 120 億個參數。GPT-3 的主要改進在於提高了模型的多樣性和通用性，可以生成更自然、更有創造性的文字，並在多種任務上取得了出色的表現，如語言理解、問答、文章寫作等。

GPT-3.5

2022 年 11 月 30 日正式公開發表，使用了 1750 億個參數，卓越的表現震撼世人。

GPT-4

2023 年 3 月 14 日發表，共使用了 10 萬億個參數，這個 GPT-4 有 no vision 版和一般版，一般版具有視覺輸入的能力。

2-4 GPT-4 的技術資料

2-4-1　GPT-4 的考試得分比較

　　下列是 OpenAI 公司公佈 ChatGPT-3.5 和 Chat-4 對於各類美國考試的得分比較。

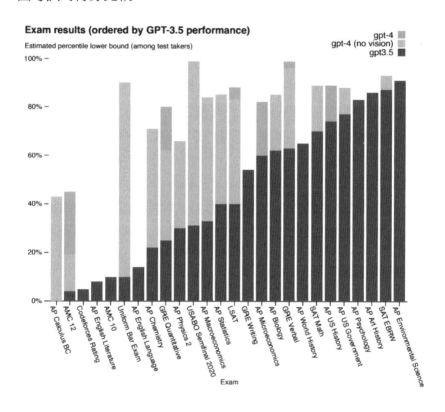

註 GPT-4 目前有 2 個版本，no vision 表示是**無視覺版**，目前開放使用的是這個版本。

2-4-2 視覺輸入

實例 1：這張圖片有何不尋常的地方 (What is unusual about this image?)。

GPT-4 visual input example, Extreme Ironing:

| User | What is unusual about this image? |

Source: https://www.barnorama.com/wp-content/uploads/2016/12/03-Confusing-Pictures.jpg

---

GPT-4 的回應

The unusual thing about this image is that a man is ironing clothes on an ironing borad attached to the roof of a moving taxi.

GPT-4 回應的中文說明

上述中文意義是「這張圖片不尋常的地方是，一個男人正在一輛行駛中的出租車的車頂上燙熨板上熨燙衣服。」

實例 2：這張圖片有什麼有趣的地方？請逐格描述它。(What is funny about this image? Describe it panel by panel.)

Source: https://www.reddit.com/r/hmmm/comments/ubab5v/hmmm/

GPT-4 的回應

The image shows a package for a "Lightning Cable" adapter with three panels.

Panel 1: A smartphone with a VGA connector (a large, blue, 15-pin connector typically used for computer monitors) plugged into its charging port.

Panel 2: The package for the "Lightning Cable" adapter with a picture of a VGA connector on it.

Panel 3: A close-up of the VGA connector with a small Lightning connector (used for charging iPhones and other Apple devices) at the end.

The humor in this image comes from the absurdity of plugging a large, outdated VGA connector into a small, modern smartphone charging port.

GPT-4 回應的中文說明

這組圖片展示了一個「Lightning Cable」轉接器的包裝，有 3 張圖。

第 1 張圖：一部智慧手機插著一個 VGA 連接器（一種大型、藍色、15 根引腳的連接器，通常用於電腦顯示器）插入其充電端口。

第 2 張圖：「Lightning Cable」轉接器的包裝上印有一張 VGA 連接器的圖片。

第 3 張圖：一個 VGA 連接器的近景照片，其末端帶有一個小型的 Lightning 連接器（用於充電 iPhone 和其他蘋果設備）。

這張圖片的幽默來自於將一個大而過時的 VGA 連接器插入一個小型的現代智慧手機充電端口的荒謬情境。

實例 3：雞塊地圖的圖片 (Chicken Nugget Map:)。

使用者輸入如下：

Can you explain this meme?

Sometimes I just look at pictures of the earth from space and I marvel at how beautiful it all is.

上述中文意義是：

你能解釋這個迷因嗎？

註 其中「meme」指的是一種流行的網路文化，是指透過在網上傳播的圖像、影片、短語等方式來表達一種情感或意見的文化元素，簡單的說是一種「特別的想像」。

有時候我只是看著從太空拍攝的地球照片，對它的美麗感到驚嘆。

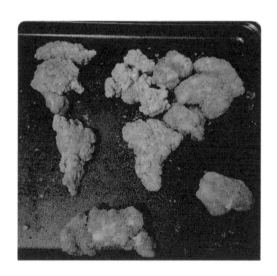

GPT-4 的回應

This meme is a joke that combines two unrelated things: pictures of the earth fromspace and chicken nuggets.

The text of the meme suggests that the image below is a beautiful picture of the earth from space. However, the image is actually of chicken nuggets arranged to vaguely resemble a map of the world.

The humor in this meme comes from the unexpected juxtaposition of the text and the image. The text sets up an expectation of a majestic image of the earth, but the image is actually something mundane and silly.

GPT-4 回應的中文說明

這個迷因是一個笑話，結合了兩個不相關的事物：從太空拍攝的地球照片和雞塊。

迷因的文字暗示下方的圖片是一張美麗的從太空拍攝的地球照片。然而，圖片實際上是雞塊排列成模糊的世界地圖形狀。

這個迷因的幽默來自於文字和圖像之間的意外並置。文字創造了一個對地球壯觀圖像的期望，但圖像實際上是一些平凡和愚蠢的東西。

實例 4：視覺輸入更多層的實例。

使用者輸入如下：

Can you explain why this is funny. Think about it step-by-step.

上述中文解釋是，你能解釋這為什麼有趣嗎？請逐步思考。這句話的意思是要求對方解釋一個事情為什麼有趣，並要求對方逐步描述這個事情發生的每一個步驟或細節。這通常用於詢問對方關於一個笑話、迷因或有趣的情況的理解，以幫助對方更好地

理解這個事情的搞笑之處。

User　　Can you explain why this is funny. Think about it step-by-step.

But unironically

GPT-4 的回應

The comic is satirizing the difference in approaches to improving model performance between statistical learning and neural networks.

In statistical learning, the character is shown to be concerned with overfitting and suggests a series of complex and technical solutions, such as minimizing structural risk, reworking the loss function, and using a soft margin.

In contrast, the neural networks character simply suggests adding more layers to the model. This is often seen as a common solution to improving performance in neural networks, but it's also considered a simplistic and brute-force approach.

The humor comes from the contrast between the complexity and specificity of the statistical learning approach and the simplicity and generality of theneural network approach. The "But unironically" comment adds to the humor by implying that, despite being simplistic, the "stack more layers" approach is often effective in practice.

GPT-4 回應的中文說明

這個漫畫是諷刺統計學習和神經網絡改進模型性能方法之間的差異。

在統計學習中,角色被描繪為關注過度擬合,並提出一系列複雜的技術解決方案,例如最小化結構風險、重塑損失函數和使用軟邊界。

相比之下,神經網絡角色只是建議在模型中添加更多層。這通常被認為是改善神經網絡性能的常見方法,但也被認為是一種簡單和蠻力的方法。

這個笑話的幽默來自於統計學習方法的複雜性和特定性,以及神經網絡方法的簡單性和普遍性之間的對比。「但無論如何」的評論增添了幽默感,暗示了儘管「堆疊更多層」方法很簡單,但在實踐中往往是有效的。

2-5　ChatGPT 的應用領域

ChatGPT 的基本應用如下：

- 客服機器人
- 金融分析與預測
- 內容創作（文章、詩歌、故事等）
- 教育與培訓
- 程式碼生成與輔助程式設計
- 多語言翻譯
- 語言學習工具

第 3 章
聊天機器人的種類與應用

隨著人工智能的快速發展，聊天機器人已經成為各行各業的
重要應用之一。本章將深入探討聊天機器人的不同類型，以及它
們在客戶服務、電商、健康、教育、金融等多個領域的實際應用，
讓我們一起了解聊天機器人如何改變我們的生活和工作方式。

3-1 聊天機器人的類型

3-1-1　以特定規則的聊天機器人

聊天機器人是一種模擬人類對話行為的自動化程式，在眾多
類型的聊天機器人中，以特定規則為基礎的聊天機器人是最早期
和最簡單的一種，它們通常按照一套預先定義好的規則和流程來
進行對話，下列將介紹以特定規則為基礎的聊天機器人的特點和
應用。

- **確定性回答**：以特定規則為基礎的聊天機器人通常只能
  回答特定範疇內的問題，對於在規則覆蓋外的問題，它
  們將無法給出有效回應。

- **有限的靈活性**：這類機器人無法像更高級的聊天機器人
  一樣進行模糊匹配或情感分析，這意味著它們的回答可
  能較為僵化和有限。

- **維護成本**：對於以特定規則為基礎的聊天機器人，需要
  定期更新規則資料庫以應對新問題或改進回答，這可能
  會導致較高的維護成本。

儘管以特定規則為基礎的聊天機器人有其局限性，但在某些
特定應用場景中，它們仍然具有價值。例如：

- **簡單客服**：對於一些常見問題，以特定規則為基礎的聊天機器人可以迅速給出確定性的回答，提高客服效率。

- **領域特定諮詢**：在某些特定領域，例如法律或醫療，特定規則的聊天機器人可以協助用戶解答一些基本問題，節省專業人士的時間。

特定規則的聊天機器人作為聊天機器人發展的早期階段，具有一定的局限性。然而，在特定場景中，它們仍能發揮作用，為用戶提供有限但確定性的回答。隨著技術的不斷發展，未來聊天機器人將朝著更智慧化和靈活化的方向演進。

3-1-2　自然語言處理（NLP）聊天機器人

自然語言處理（NLP）聊天機器人是一種人工智慧技術的先進聊天機器人，能夠理解和生成自然語言。相對於特定規則的聊天機器人，NLP 聊天機器人在對話過程中具有更高的靈活性和智慧性，下列將探討 NLP 聊天機器人的特點和應用場景。

- **語言理解能力**：NLP 聊天機器人能夠理解用戶的意圖，即使用戶表達方式不太標準或存在語法錯誤。

- **多語言支持**：NLP 聊天機器人通常支持多種語言，可滿足不同地區和文化背景的用戶需求。

- **情感分析**：這類機器人具有情感分析能力，能夠根據用戶的情緒給出相應的回應。

- **上下文理解**：NLP 聊天機器人能夠理解對話中的上下文資訊，使對話更加流暢和自然。

NLP 聊天機器人在眾多應用場景中發揮著重要作用，例如：

- 客戶支持：透過提供即時回答和解決問題，NLP 聊天機器人能大幅提升客戶滿意度。

- 虛擬助手：NLP 聊天機器人可在智慧家居和智慧手機等領域，作為個人助手協助用戶完成各種任務。

- 教育輔導：這類機器人可以作為教育工具，協助學生學習語言、解答問題和提供學習建議。

自然語言處理聊天機器人作為聊天機器人技術的重要方向，具有強大的語言理解和生成能力。在眾多應用場景中，NLP 聊天機器人為用戶提供了更加智慧化和人性化的對話體驗，有望持續引領聊天機器人技術的發展。

3-2　客戶服務應用

3-2-1　客戶問題解答

客戶問題解答是聊天機器人在客戶服務領域的重要應用之一。透過自動回答客戶問題，聊天機器人不僅提高了客戶滿意度，還節省了企業的成本和人力資源，下列將探討聊天機器人在客戶問題解答方面的主要功能和優勢。

- 即時回應：聊天機器人能夠快速回答客戶問題，提高服務效率。

- 24 小時全天候服務：聊天機器人不受時間限制，為客戶提供全天候支持。

- **自動尋找答案**：聊天機器人能自動搜尋知識庫，為客戶提供準確的答案。

- **自然語言理解**：聊天機器人能理解客戶的意圖，即使表達方式不太標準。

聊天機器人在客戶問題解答方面的應用有以下幾個典型場景：

- **在線客服**：聊天機器人可作為線上客服助手，回答客戶在購物、訂單、退貨等方面的問題。

- **技術支持**：聊天機器人可以協助解決產品使用中遇到的技術問題。

- **帳戶管理**：聊天機器人協助用戶解決密碼重置、帳戶安全等問題。

- **常見問題解答**：聊天機器人可提供常見問題的解答，減少客服人員的工作負擔。

聊天機器人在客戶問題解答方面的應用具有明顯的優勢，能夠提高客戶滿意度和企業的服務效率。隨著聊天機器人技術的不斷發展，未來將在客戶服務領域發揮更大的作用。

3-2-2　投訴和退貨處理

投訴和退貨處理是客戶服務的一個重要環節，直接影響著客戶滿意度和企業口碑。聊天機器人在這方面的應用能夠提高服務效率，為客戶提供更便捷的解決方案，下列將探討聊天機器人在投訴和退貨處理方面的主要功能和優勢。

- **便捷的投訴通道**：聊天機器人為客戶提供簡單易用的投訴介面，方便客戶提交投訴資訊。

- **自動受理投訴**：聊天機器人可自動處理客戶的投訴，並將其轉發至相應部門。

- **智慧辨識退貨原因**：聊天機器人能夠根據客戶提供的資訊，判斷退貨原因，並給出相應建議。

- **自動生成退貨單**：聊天機器人可協助客戶完成退貨單的填寫，提高退貨流程的效率。

聊天機器人在投訴和退貨處理方面的應用場景包括：

- **在線投訴**：聊天機器人可協助客戶提交投訴，並將其快速轉交至相應部門處理。

- **退貨申請**：聊天機器人可以指導客戶完成退貨申請，並提供退貨流程的相關資訊。

- **退款進度查詢**：聊天機器人可以幫助客戶查詢退款進度，提高客戶滿意度。

　　聊天機器人在投訴和退貨處理方面的應用不僅提高了客戶服務效率，還減輕了客服人員的工作負擔。隨著聊天機器人技術的進一步發展，其在客戶服務領域的應用將更加廣泛和深入。

3-3 電商與零售應用

3-3-1 產品推薦

　　聊天機器人在電商和零售領域扮演著重要角色，其中一項重要功能就是產品推薦。透過聊天機器人進行產品推薦，企業能夠更精準地滿足客戶需求，提升客戶滿意度和購買意願，下列將探討聊天機器人在產品推薦方面的主要功能和優勢。

- **個性化推薦**：聊天機器人能夠根據客戶的購物歷史和喜好，為他們推薦合適的產品。

- **互動式體驗**：客戶可透過聊天機器人進行諮詢，獲得更為貼心的購物體驗。

- **即時更新**：聊天機器人能夠即時更新產品庫存和價格資訊，確保推薦產品的準確性。

- **集成多種數據源**：聊天機器人可結合客戶評價、銷量等數據，為客戶提供全面的產品推薦。

應用場景包括：

- **熱門產品推薦**：聊天機器人可根據銷量和評價等因素，向客戶推薦熱門產品。

- **跨品類推薦**：聊天機器人能夠根據客戶的需求，推薦不同品類的相關產品。

- **優惠活動推送**：聊天機器人可通知客戶最新的優惠活動和限時折扣資訊。

聊天機器人在電商和零售領域的產品推薦功能，為客戶提供了更加個性化和便捷的購物體驗，隨著聊天機器人技術的不斷發展和優化，其在電商和零售行業的應用將越來越廣泛。

3-3-2　購物諮詢

聊天機器人在電商和零售行業中有著廣泛的應用，其中之一就是購物諮詢。透過提供即時、個性化的購物建議，聊天機器人能夠提升客戶的購物滿意度和購買意願，下列將探討聊天機器人在購物諮詢方面的主要功能和優勢。

- 產品比較：聊天機器人可協助客戶比較不同產品的功能、價格和評價，以便客戶做出明智的購物決策。
- 規格解釋：對於客戶不熟悉的產品規格，聊天機器人能夠提供詳細的解釋和建議。
- 購物需求分析：聊天機器人可根據客戶的需求，推薦合適的產品或方案。
- 庫存和運費查詢：聊天機器人能夠提供即時的庫存和運費資訊，便於客戶掌握購物相關資訊。

應用場景包括：

- 家電選購諮詢：客戶可以詢問聊天機器人關於家電產品的性能、價格等方面的資訊。
- 服裝尺寸建議：根據客戶的身材特徵，聊天機器人可以給出合適的服裝尺寸建議。
- 禮品選擇輔助：聊天機器人可根據客戶需求，提供適合的禮品選擇建議。

聊天機器人在電商和零售領域的購物諮詢功能為客戶提供了更加便捷和個性化的購物體驗。隨著聊天機器人技術的進一步發展和完善，這種趨勢將繼續擴大，為電商和零售行業帶來更多創新和機遇。

3-4 健康與醫療應用

3-4-1 症狀評估

隨著人工智慧技術的發展，聊天機器人在健康和醫療領域的應用越來越廣泛。症狀評估是其中一個重要應用場景，它可以協助用戶在家庭環境下對症狀進行初步評估，並提供適當建議，下列將探討聊天機器人在症狀評估方面的主要功能和優勢。

- 初步評估：聊天機器人根據用戶描述的症狀，提供初步的評估結果和可能的病因。

- 自我護理建議：根據評估結果，聊天機器人可以提供相應的自我護理方法和建議，以緩解症狀。

- 專業建議：如果症狀嚴重或持續時間較長，聊天機器人會建議用戶尋求專業醫生的幫助。

- 緊急情況處理：在緊急情況下，聊天機器人可以提供急救措施和指導，並協助用戶聯繫醫療救援。

應用場景包括：

- 感冒和流感症狀評估：聊天機器人可以評估用戶的感冒症狀，並提供相應的自我護理建議。

- **過敏反應評估**：根據用戶描述的過敏症狀，聊天機器人可以給出適當的建議和警告。

- **胃腸症狀評估**：聊天機器人可以根據用戶描述的胃腸症狀，提供初步評估和建議。

聊天機器人在健康和醫療領域的症狀評估功能為用戶提供了便捷、即時的健康諮詢服務。在未來，隨著人工智慧技術的不斷進步，聊天機器人在該領域的應用將更加成熟，為用戶帶來更多便利和高品質的醫療服務。

3-4-2　醫療資源推薦

在健康與醫療領域，聊天機器人不僅可以為用戶提供症狀評估和諮詢服務，還能根據用戶的需求推薦相應的醫療資源。這些資源可以包括醫生、醫院、診所以及相關的醫療保健產品，下列將介紹聊天機器人在醫療資源推薦方面的主要功能和應用。

- **醫生推薦**：根據用戶的症狀和需求，聊天機器人可以推薦專業的醫生以便進一步診治。

- **醫院和診所導航**：聊天機器人可根據用戶的地理位置和需求，推薦附近的醫院和診所，並提供導航資訊。

- **排班和預約**：聊天機器人可以協助用戶查詢醫生的排班資訊，並協助預約看診時間。

- **醫療保健產品推薦**：根據用戶的需求，聊天機器人可以推薦適合的醫療保健產品，如藥物、醫療器械等。

應用場景包括：

- **專科醫生推薦**：聊天機器人可以根據用戶的症狀，推薦相應的專科醫生，如皮膚科、牙科等。

- **醫療機構評價查詢**：用戶可以透過聊天機器人查詢不同醫療機構的評價，以便做出明智的選擇。

- **健康管理產品推薦**：聊天機器人可以根據用戶的健康需求，推薦相應的健康管理產品，如運動器材、營養補充品等。

在健康與醫療領域，聊天機器人能夠為用戶提供多元化的醫療資源推薦，為用戶節省時間和精力，提供更加便捷的醫療服務。

3-5 教育與培訓應用

3-5-1 學習資源推薦

隨著科技的發展，聊天機器人在教育和培訓領域的應用越來越廣泛。其中，學習資源推薦是聊天機器人的一個重要功能。本文將介紹聊天機器人在學習資源推薦方面的應用和主要功能。

- **個性化學習資源**：根據用戶的學習需求和興趣，聊天機器人可以推薦相應的學習資料、教材、線上課程等。

- **學習進度追蹤**：聊天機器人可以根據用戶的學習進度，提供適合的學習資源和練習題。

- **教育機構推薦**：聊天機器人可根據用戶的需求和偏好，推薦合適的教育機構、培訓班等。

應用場景包括：

- **語言學習**：聊天機器人可以推薦合適的語言學習資源，如詞彙、語法、口語練習等。

- **職業技能培訓**：聊天機器人可以根據用戶的職業需求，推薦相關的技能培訓資源。

- **考試準備**：聊天機器人可以提供各類考試的資訊和相關學習資源，如 TOEFL、GRE 等。

聊天機器人在教育與培訓領域的學習資源推薦功能可以為用戶提供個性化的學習體驗，幫助用戶更有效地達成學習目標。在未來，聊天機器人在教育領域的應用將更加普及，為更多學習者提供便捷的學習資源。

3-5-2　語言學習

語言學習是教育領域的一個重要部分，聊天機器人作為一種新興的教學工具，正逐漸在語言學習領域發揮其獨特作用，下列將探討聊天機器人在語言學習中的應用及其主要功能。

- **練習口語**：聊天機器人可以模擬真實對話情境，幫助學習者練習口語表達，提高語言流利度。

- **詞彙學習**：聊天機器人能夠根據學習者的水平和需求，推薦適當的詞彙，並透過互動式學習幫助記憶。

- **語法練習**：聊天機器人可以針對特定語法知識點提供練習題，幫助學習者掌握語法規則。

- **文化了解**：透過與聊天機器人的互動，學習者可以更好地理解目標語言的文化背景。

應用場景包括：

- **初學者學習**：聊天機器人可以為初學者提供基礎語言知識和練習，幫助他們建立語言基礎。

- **線上教育平台**：聊天機器人可以集成在線上教育平台中，為學習者提供即時的語言學習輔導。

- **補習班和培訓機構**：聊天機器人可以作為補充教學資源，幫助學習者在課堂之外加強語言練習。

聊天機器人在語言學習領域的應用不僅為學習者提供了豐富的學習資源和練習機會，而且使語言學習過程變得更加互動和有趣。隨著聊天機器人技術的不斷發展和優化，其在語言教育領域的應用將更加廣泛和深入。

3-6 金融與保險應用

3-6-1 財務諮詢

金融與保險領域的聊天機器人正成為行業的一個重要趨勢。這些智慧工具可以為用戶提供財務諮詢服務，幫助他們更好地理解金融產品並做出明智的投資決策，下列將探討聊天機器人在財務諮詢領域的應用及其主要功能。

- **資產配置建議**：根據用戶的投資目標、風險承受能力和資產狀況，聊天機器人可以提供合適的資產配置建議。

- **金融產品推薦**：聊天機器人能夠根據用戶需求和市場狀況，推薦適合的金融產品，如股票、基金和保險等。

- **市場分析**：聊天機器人可提供即時市場資訊和趨勢分析，幫助用戶了解市場動態以作出明確決策。

- **風險評估**：透過評估用戶的投資經驗和風險承受能力，聊天機器人可以提醒用戶潛在風險並給出合適建議。

應用場景包括：

- **銀行和金融機構**：聊天機器人可以作為金融機構的虛擬客服，為客戶提供專業的財務諮詢。

- **保險公司**：聊天機器人可以協助用戶選擇合適的保險產品，並解答相關政策和理賠問題。

- **投資平台**：聊天機器人可幫助投資者獲取市場資訊，並提供投資建議和風險管理方案。

　　聊天機器人在金融與保險領域的財務諮詢應用可以為用戶帶來便利和價值，提高金融服務的智慧化水平。隨著技術的不斷進步，未來聊天機器人在這一領域的應用將更加廣泛和深入。

3-6-2　保險產品諮詢

　　金融與保險行業越來越多地運用聊天機器人為客戶提供保險產品諮詢，以改善客戶體驗並提高業務效率，下列將重點介紹聊天機器人在保險產品諮詢方面的應用和主要功能。

- **保險需求分析**：聊天機器人透過評估客戶的需求和風險狀況，為客戶提供客製化的保險方案建議。

- **保險產品介紹**：聊天機器人可以為客戶提供各類保險產品的詳細資訊，包括保障範圍、保費計算和特色等。

- **投保流程指引**：聊天機器人可引導客戶完成投保流程，協助客戶選擇合適的保險計劃並填寫投保資料。

- **常見問題解答**：聊天機器人能夠回答客戶對保險產品和服務的常見問題，如理賠流程、保單查詢等。

應用場景包括：

- **保險公司**：聊天機器人可作為保險公司的虛擬客服，提供保險產品諮詢和售後服務。

- **金融機構**：銀行等金融機構可使用聊天機器人協助客戶了解並選購合適的保險產品。

- **保險代理人**：聊天機器人可以協助保險代理人為客戶提供高效且專業的保險諮詢服務。

聊天機器人在保險產品諮詢領域的應用可以提高客戶服務品質，降低成本並提升業務效率。隨著技術的進一步發展，聊天機器人在保險行業的應用將更加廣泛和深入，帶來更多創新和價值。

3-7 旅行與酒店預訂應用

3-7-1 旅行建議

隨著旅遊業的蓬勃發展，聊天機器人在旅行建議方面的應用越來越受到重視，下列將介紹聊天機器人在提供旅行建議方面的

功能和應用場景。

- **目的地推薦**：根據用戶的需求和喜好，聊天機器人能夠提供合適的旅行目的地推薦。

- **景點介紹**：聊天機器人可以提供各地的旅遊景點資訊，包括景點介紹、開放時間、門票價格等。

- **行程規劃**：聊天機器人可以根據用戶的需求和時間安排，為用戶規劃合適的旅行行程。

- **本地文化了解**：聊天機器人可提供目的地的文化背景、風俗習慣等資訊，幫助旅行者更好地了解和適應當地文化。

應用場景包括：

- **旅行社**：旅行社可以透過聊天機器人為客戶提供旅行建議，增加客戶滿意度和黏著度。

- **在線旅遊平台**：聊天機器人可以幫助在線旅遊平台用戶快速獲得所需的旅行建議，提高平台的服務質量和用戶體驗。

- **酒店預訂網站**：聊天機器人可以為用戶提供附近旅行景點的推薦，促使用戶在平台上完成酒店預訂。

聊天機器人在旅行建議方面的應用能夠為用戶提供更加便捷和個性化的旅行體驗。隨著聊天機器人技術的進一步發展，其在旅遊領域的應用將不斷擴展和深化，為旅行者帶來更多便利和樂趣。

3-7-2　酒店預訂協助

隨著科技的不斷進步，越來越多的旅行者透過互聯網預訂酒店。聊天機器人在酒店預訂協助方面的應用逐漸崛起，為用戶提供更加便捷和個性化的預訂體驗，以下將對聊天機器人在酒店預訂協助方面的功能和應用場景進行描述。

- **酒店查詢**：聊天機器人可協助用戶快速查找符合需求的酒店，包括價格、位置、設施等因素。
- **預訂過程協助**：聊天機器人可引導用戶完成酒店預訂，並解答用戶在預訂過程中遇到的問題。
- **優惠政策介紹**：聊天機器人可以為用戶提供最新的酒店優惠政策和折扣資訊。
- **預訂修改與取消**：聊天機器人可以協助用戶修改或取消酒店預訂，提高用戶的滿意度。

應用場景：

- **在線旅行平台**：聊天機器人可以協助用戶在線預訂酒店，提高平台的服務質量和用戶體驗。
- **酒店官方網站**：透過聊天機器人的協助，可以在酒店官方網站為用戶提供更加便捷和高效的預訂流程。
- **社交媒體平台**：聊天機器人可以在社交媒體平台上為用戶提供酒店預訂協助，擴大平台的潛在客戶群。

聊天機器人在酒店預訂協助方面的應用，為旅行者帶來了許多便利，隨著聊天機器人技術的進一步發展，其在旅行與酒店預訂領域的應用將更加完善，有望進一步提高用戶的預訂體驗。

3-8　企業內部應用

3-8-1　員工諮詢

企業內部的溝通和協作對於提高工作效率和促進團隊合作至關重要，聊天機器人在企業內部應用方面展示出了強大的潛力，尤其是在員工諮詢方面，下列將概述聊天機器人在員工諮詢領域的功能和應用場景。

- **公司政策和流程解答**：聊天機器人可協助員工解答有關公司政策、流程和規定等方面的問題，提高員工對公司制度的理解。

- **IT 支持**：聊天機器人可提供基本的 IT 問題解答和故障排查，減輕 IT 部門的工作負擔。

- **人力資源諮詢**：聊天機器人可回答員工關於薪資、福利、休假等方面的問題，提高人力資源部門的工作效率。

- **培訓資源推薦**：聊天機器人可以根據員工的需求和喜好，推薦相應的培訓資源和活動。

應用場景：

- **員工自助服務平台**：企業可透過建立員工自助服務平台，將聊天機器人作為第一線支持，提高員工問題解答的效率。

- **部門內部溝通**：聊天機器人可以協助部門內部成員快速解答相關問題，促進團隊合作。

- **遠程辦公支持**：在遠程辦公的情況下，聊天機器人可以協助員工解決各類問題，保障工作順利進行。

聊天機器人在企業內部員工諮詢方面的應用，為企業帶來了顯著的效率提升和成本節省，隨著聊天機器人技術的不斷發展，我們有理由相信它將在企業內部應用中發揮更大的作用。

3-8-2　自動化工作流程

企業在尋求提高效率和降低成本的過程中，自動化工作流程成為了一個重要的環節，聊天機器人在此方面具有潛在的價值，可以幫助企業實現工作流程自動化，進一步提高生產力，下列將探討聊天機器人在企業內部自動化工作流程方面的應用和優勢。

- **任務分配**：聊天機器人可以根據項目需求和人員資源自動分配任務，確保工作得以高效進行。

- **進度追蹤**：聊天機器人可以即時追蹤項目進度，並將進度資訊匯報給相關人員，提高管理效率。

- **協作溝通**：聊天機器人可以在團隊成員之間傳遞資訊和任務，促進團隊協作和資訊共享。

- **數據整合**：聊天機器人能夠整合企業內部的數據資源，協助員工快速獲取所需資訊。

應用場景：

- **項目管理**：企業可以使用聊天機器人來協助項目經理和團隊成員管理項目進度，提高項目執行效率。

- **行政事務**：聊天機器人可以處理日常行政事務，如預約會議室、執行會議記錄等，減輕行政人員的工作負擔。

- **業務流程**：聊天機器人可以協助企業標準化和自動化業務流程，提高工作效率和質量。

　　聊天機器人在企業內部自動化工作流程方面具有顯著的應用價值。隨著技術的不斷發展，聊天機器人將成為企業實現自動化和高效運營的有力助手。

第 4 章
AI 繪圖

4-1　AI 繪圖的起源

人工智慧繪圖起源於電腦圖形學和機器學習的結合。早期的電腦圖形學研究主要集中在如何將線條和基本形狀繪製在屏幕上，而現代的圖形學已經發展到可以生成高度逼真的圖像和影片。

在機器學習方面，神經網絡的出現為 AI 繪圖的發展提供了重要的基礎。神經網絡可以透過訓練來識別圖像中的特定特徵，例如邊緣、紋理和色彩，並生成新的圖像。這種技術被稱為生成對抗網絡（GAN，Generative Adversarial Network）。

GAN 是由 Ian Goodfellow 於 2014 年提出的一種機器學習模型，其基本思想是由兩個神經網絡組成：生成器和判別器。生成器透過將隨機噪聲轉換為圖像，試圖欺騙判別器，讓其認為該圖像是真實的。判別器則試圖區分真實圖像和生成圖像，並不斷提高自己的判斷能力。透過不斷的訓練，生成器可以生成逼真的圖像，甚至可以創造出從未見過的圖像。

AI 繪圖技術現在被廣泛應用於許多領域，例如電影和遊戲開發、建築設計、產品設計和藝術創作等。然而，由於技術仍在發展階段，AI 繪圖仍存在一些挑戰和限制，例如如何控制生成的圖像，使其符合人類的期望和需求。

4-2　AI 繪圖 DALL-E 2

DALL-E2（簡稱為「Dali 差異化語言學習引擎」）是由 OpenAI 開發的一個人工智慧語言模型，它是原始 DALL-E 模型的改進版本，這個 AI 繪圖是在 2021 年 10 月發表。

DALL-E2 是一個以 Transformer 為基礎的語言模型，可以從文字描述生成圖像。它已經在大量的文字和圖像配對數據集上進行了訓練，並且可以根據它以前沒有見過的文字輸入創建新的圖像。它能夠對生成的圖像的各個方面（如姿勢、形狀和顏色）進行高度控制，並且生成高質量的圖像。

DALL-E2 相比於其前身的一個關鍵改進是，它可以以更高的分辨率（高達 512x512 像素）生成更加符合輸入描述的高保真圖像。這是透過一些技術上的改進實現的，包括更大的模型尺寸、改進的訓練技術和使用新的圖像 - 文字配對數據集等。

DALL-E2 有廣泛的應用前景，包括設計、廣告和視覺故事等領域。它代表了發展以自然語言輸入為基礎，理解和創建視覺內容的人工智慧系統的重大進展。

4-2-1 第一次使用 DALL-E

請進入官方網站如下，然後可以在官方網站右上方看到 SIGN UP 字串。

https://openai.com/dall-e-2/

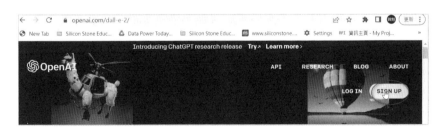

請點選然後註冊，就可以使用。

4-2-2　生成圖像的基礎

　　生成圖像需使用英文，可以使用 ChatGPT 當作翻譯工具。讀者可以將想像的畫面先用中文表達，在使用 ChatGPT 翻譯成英文，然後複製此文字，最後貼到文字輸入區，筆者輸入中文意義是「一位 18 歲美麗的東方少女站在歐式豪宅大廳手上有一束玫瑰花」(An 18-year-old beautiful Eastern girl stands in the foyer of a European-style mansion with a bouquet of roses in her hand.) 的畫面。

　　輸入完後請點選 Generate 鈕，可以得到下列結果。

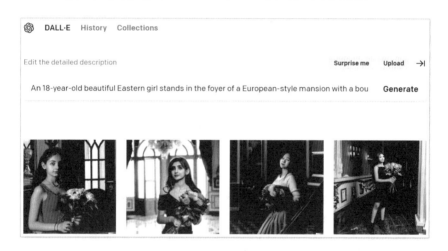

4-2-3　更詳細的 AI 繪圖

　　使用 AI 繪圖時，可以更進一步為圖片加上更明確的元素：

圖片主題：敘述圖片的主題，例如：人物、動物、食物或物品 … 等。

圖片類型：預設是照片風格、油畫 (oil painting)、水彩畫 (watercolor)、素描 (sketch drawing 或 pencil drawing) … 等。

藝術家風格：梵谷風格 (in Van Gogh's style)、畢卡索風格 (in Picasso's style)。

❑ 素描實例

筆者輸入「一位漂亮女孩，背景是台北市的 101 大樓，晚上天空有流星，使用素描」(A beautiful girl with the Taipei 101 building in the background, and a shooting star in the evening sky, in sketch drawing)，可以得到下列結果。

A beautiful girl with the Taipei 101 building in the background, and a shooting star in the sky, in sketch drawing   Generate

❑ 太空漫步實例

筆者輸入「一位漂亮女孩穿太空裝，在漫步，背景是銀河夜空」(A beautiful girl in a spacesuit, taking a spacewalk with the Milk way in the background)，可以得到下列結果。

A beautiful girl in a spacesuit, taking a spacewalk with the Milky way in the background   **Generate**

❑ 穿禮服的兔子實例

筆者輸入「一隻穿禮服的兔子，在客廳，使用水彩畫」(A rabbit in a formal dress, in the living room, in watercolor)，可以得到下列結果。

A rabbit in a formal dress, in the living room, in watercolor.   **Generate**

❑ 梵谷風格的撒爾斯堡的夜景實例

筆者輸入「撒爾斯堡的夜景，使用梵谷風格」(Salsburg's night view, in Van Gogh's style)，可以得到下列結果。

Salsburg's night view, in Van Gogh's style   Generate

4-3 AI 繪圖對於未來我們生活的影響

AI 生成繪圖工具（例如 DALL-E 2）將對未來生活產生重大影響。以下是幾個方面的例子：

- 設計和創作領域：AI 生成繪圖工具可以幫助設計師和創作者更快地創建圖像和視覺內容，這將提高他們的工作效率，並且可以為他們提供更多創意和靈感。此外，AI 生成繪圖工具還可以幫助人們更輕鬆地進行視覺設計，例如製作海報、廣告和產品設計等。

- 教育和學習領域：AI 生成繪圖工具可以幫助學生更輕鬆地創建圖像和視覺內容，並且可以使教育更具趣味性和互動性。此外，AI 生成繪圖工具還可以幫助教師和教育機構更輕鬆地製作教育素材和課件。

- 視覺辨識和搜索領域：AI 生成繪圖工具可以幫助人們更輕鬆地搜索和識別圖像和視覺內容。例如，它可以幫助人們更輕鬆地識別食物、動物和自然景觀等。

● **藝術和文化領域**：AI 生成繪圖工具可以幫助藝術家和文化工作者創造更具創意和想像力的作品。此外，它還可以幫助人們更輕鬆地保存、數字化和分享文化遺產和藝術品。

總體而言，AI 生成繪圖工具將使人們更輕鬆地創建、搜索和識別圖像和視覺內容，同時也將為人們帶來更多的創意和趣味性。這將對許多領域產生積極的影響，並且有望改善人們的生活和工作方式。

第 5 章
AI 音樂

5-1 AI 音樂的起源

　　AI 音樂的起源可以追溯到 20 世紀 50 年代和 60 年代，那時計算機科學家和音樂家開始探索如何利用計算機技術創作音樂。最早的實驗之一是在 1957 年，由澳洲科學家 CSIRAC 電腦完成的音樂表演。隨著技術的發展，人們開始尋求利用人工智能和機器學習技術來創作音樂。

- 1980 年代：神經網絡技術的發展為 AI 音樂提供了更多的可能性。其中，David Cope 的「Emmy」（Experiments in Musical Intelligence）成為了最具代表性的實驗之一，該項目利用神經網絡創作出具有巴洛克和古典風格的音樂作品。

- 1990 年代至 2000 年代：機器學習和數據挖掘技術在音樂創作中得到了廣泛應用。例如，Markov 鏈、遺傳算法和其他機器學習技術被用來生成音樂。

- 2010 年代：深度學習技術的崛起引領了 AI 音樂的新時代。谷歌的 Magenta 項目、IBM 的 Watson 音樂創作系統以及 OpenAI 的 MuseNet 等項目紛紛嶄露頭角，這些技術使得 AI 能夠生成更具創意和高質量的音樂作品。

- 近年來：生成對抗網絡（GANs）和變分自動編碼器（VAEs）等創新技術被引入到 AI 音樂領域，為音樂生成帶來了新的可能性。

　　AI 音樂的起源和發展歷程反映了人工智能技術的演進和發展。從最初的基於規則的創作，到後來機器學習和深度學習的應用，AI 音樂不斷地拓展著音樂創作的疆界，並為未來音樂產業的

發展帶來了無限的可能。

　　AI 生成音樂的應用非常廣泛，可以用於電影配樂、電子遊戲音樂、廣告音樂等。這種技術還可以用於幫助音樂家創作新的音樂，或者提供音樂創作的靈感和啟示。然而，AI 生成的音樂也存在一些挑戰，例如如何保持音樂的創意性和情感表達，以及如何平衡人工和自動化的創作過程。

5-2　Google 開發的 musicLM

5-2-1　認識 musicLM

　　musicLM 是 Google 公司開發，一種基於人工智慧的音樂生成模型，其使用的是 GPT-3.5 架構。這種模型可以依據文字描述，並生成具有一定音樂風格的新音樂。

　　musicLM 的訓練過程包括收集大量的音樂數據，例如各種類型的音樂曲目、樂器演奏等，然後將這些數據傳入模型進行訓練。透過這種方式，模型可以學習到音樂的節奏、旋律、和弦和結構等要素，並生成全新的音樂作品。

　　使用 musicLM 可以創作出豐富多樣的音樂，這些音樂作品可以應用於多種場景，例如電影、電視、廣告等。除了音樂創作之外，musicLM 還可以幫助音樂家進行作曲、編曲和改進現有的音樂作品等。

　　總體而言，musicLM 是一種非常有用的音樂生成工具，可以幫助音樂家和音樂製作人在創作和製作音樂時更加高效和創意。

註 可能是法律風險，目前沒有公開給大眾使用。

5-2-2　musicLM 展示

儘管沒有公開給大眾使用，不過可以進入下列網址欣賞 musicLM 的展示功能。

https://google-research.github.io/seanet/musiclm/examples/

讀者可以捲動畫面看到更多展示，下列是示範輸出。

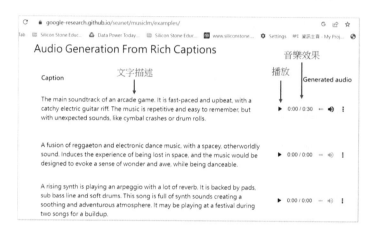

例如：上述是 3 首文字描述產生的音樂，上述描述的中文意義如下：

街機遊戲的主要配樂。它節奏快且樂觀，帶有朗朗上口的電吉他即興重複段。音樂是重複的，容易記住，但有意想不到的聲音，如鐃鈸撞擊聲或鼓聲。

雷鬼和電子舞曲的融合，帶有空曠的、超凡脫俗的聲音。引發迷失在太空中的體驗，音樂的設計旨在喚起一種驚奇和敬畏的感覺，同時又適合跳舞。

上升合成器正在演奏帶有大量混響的琶音。它由打擊墊、次低音線和軟鼓支持。這首歌充滿了合成器的聲音，營造出一種舒緩和冒險的氛圍。它可能會在音樂節上播放兩首歌曲以進行積累。

❑　油畫描述生成 AI 音樂

　　一幅拿破崙騎馬跨越阿爾卑斯山脈的油畫，經過文字描述也可以產生一首 AI 音樂。

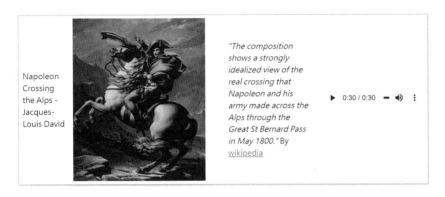

❑　簡單文字描述產生的音樂

Caption	Generated audio
acoustic guitar	▶ 0:00 / 0:10 ━ 🔊 ⋮
cello	▶ 0:00 / 0:10 ━ 🔊 ⋮
electric guitar	▶ 0:00 / 0:10 ━ 🔊 ⋮
flute	▶ 0:00 / 0:10 ━ 🔊 ⋮

5-3　AI 音樂 – Soundraw

5-3-1　進入 Soundraw 網頁

可以使用下列網址進入 soundraw 網頁。

https://soundraw.io

然後可以看到下列網頁：

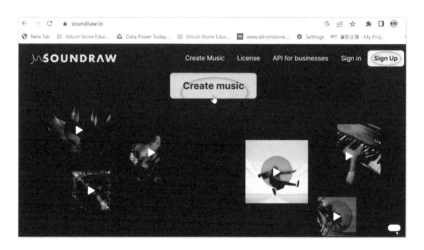

上述可以點選播放鈕 ▶ 試聽各類的 AI 音樂。此外，有 2 個重要鈕，功能如下：

Create music：建立 AI 音樂。

Sign Up：註冊，若先不註冊也可以，不過若是要下載自己所建立的 AI 音樂，就必須要註冊。

5-3-2　設計 AI 音樂 – 選擇音樂主題

上一節若是點選 Create music，可以進入設計 AI 音樂模式。

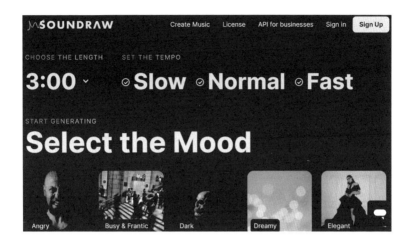

上述頁面可以往下卷動看到更多選項，在這個頁面模式，幾個重要功能如下：

CHOOSE THE LENGTH：選擇音樂長度，預設是 3 分鐘。

SET THE TEMPO：設定音樂節奏速度，Slow、Normal 或是 Fast。

Select the Mood：選擇音樂情境。

Select the Genre：選擇音樂類型。

Select the Theme：選擇音樂主題。

此例筆者選擇音樂情境是 Frantic，可以進入下列畫面。

5-3-3　音樂預覽

這時依舊有許多 AI 音樂，可以選擇。

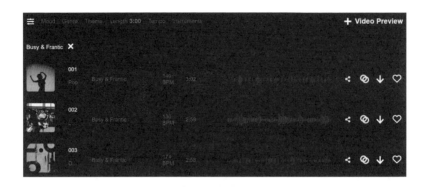

除了已經介紹過的 Mood、Genre、Theme、Length(目前顯示我們前一節設定的 30 秒)、Tempo 以外，上述幾個重要項目如下：

Instruments：樂器選擇。

BPM：Beats Per Minute，每分鐘的節拍數。

![share] ：分享 (Share this song)。

![similar] ：產生類似音樂 (Create similar music)。

![download] ：下載音樂 (Download Music)，如果先前未註冊，會要求先註冊。

![keep] ：收藏 (Add to Keep)。

5-3-4 播放與編輯音樂

點選任一首音樂，可以進入編輯播放模式，下列是點選一首音樂的實例。

上述點選後，可以看到下列畫面，同時可以播放所選的音樂。

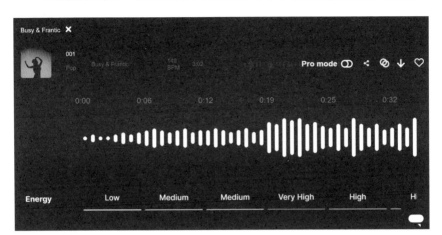

　　上述可以聽到播放的樂曲，同時可以在畫面上看到目前音樂播放的位置，上述畫面的 Energy 可以想成音樂的聲音撥出能量，可以看到每個音樂播放位置的聲音能量，有幾個選項 Low(小)、Medium(中等)、High(高)、(Very High) 非常高，讀者可以點選更改能量大小。

　　上述畫面可以看到 ⬤ 圖示，點選可以進入專業音樂編輯模式。

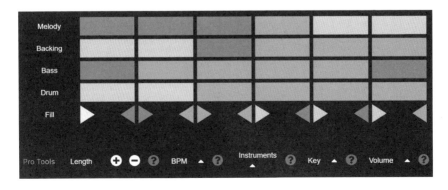

上述可以在音樂的每一個秒數位置更改，Melody(旋律)、Backing(伴奏)、Bass(低音)、Drum(鼓) 和 Fill(填充)，各色塊意義是深藍色是加強、淺藍色是一般、灰色是停止。如果將滑鼠游標移到藍色方塊上方，可以看到 2 個圖示。

上述可以編輯下列項目：

Length：音樂長度，⊕圖示是增加長度，⊖圖示是縮減長度。

BPM：調整每分鐘的節拍數。

Instruments：可以調整聲音的樂器。

Key：可以改變歌曲的高音。

Volumn：可以改變每個樂器的聲音大小。

有了上述知識，讀者就可以創造自己的音樂了。

5-3-5　為影片增加背景音樂

螢幕右上方有 **+ Video Preview** 圖示，點選可以建立視窗，然後可以將影片拖曳至此視窗。

　　現在播放音樂就可以將此音樂當作影片的背景，如果認為音樂與影片感覺可以成為一個作品，就可以點選下載↓，如果先前尚未註冊，此時需要註冊付費。

第二篇

ChatGPT 在不同領域的應用

第 6 章

教育與培訓 - AI 教練和虛擬助教

在 ChatGPT 涉及到教育與培訓領域的應用中，特別是 AI 教練和虛擬助教方面，可以分成下列 5 大主題：

- AI 教練
- 虛擬助教
- 跨學科應用
- 軟技能培訓
- 知識擴展與創新思維

6-1　AI 教練

6-1-1　個性化學習建議

在當今教育領域，個性化學習是實現教育資源公平分配和提高學習效果的重要手段。AI 教練作為一種以人工智慧為基礎的教育工具，能夠為學生提供個性化學習建議，從而幫助他們針對自身需求進行有效學習。在這方面，ChatGPT 具有很大的潛力和價值。

- **個性化的學習計劃**：AI 教練能夠根據學生的學習歷程、成績、興趣等資訊，生成個性化的學習計劃。這意味著，每位學生都可以根據自己的需求和目標獲得專門的學習建議，從而最大程度地提高學習效果。例如，對於在數學上有困難的學生，AI 教練可以分析其在數學概念和技巧上的弱點，並給出有針對性的練習和提升建議。

- **反饋學習進度**：AI 教練可以即時監控學生的學習進度，並在適當的時候給予反饋。這可以幫助學生即時了解自己的學習狀況，並在遇到困難時獲得即時的支持。例如，

當學生在某一課題上花費過多時間時，AI 教練可以提醒學生調整學習策略或尋求老師的幫助。

● **推薦合適的學習資源**：AI 教練可以根據學生的學習習慣和偏好，推薦合適的學習資源。這包括線上課程、教材、練習題以及教育應用等。這樣的個性化資源推薦有助於激發學生的學習興趣和動力，並為他們提供更符合需求的學習材料。

● **心理支持和鼓勵**：AI 教練能夠識別學生在學習過程中可能出現的挫折和壓力，並在適當時候提供心理支持和鼓勵。例如，當學生連續幾次在某一科目的測試中表現不佳時，AI 教練可以給予正面積極的鼓勵，並提供一些建議，幫助學生重新找回信心。

AI 教練可以促進學生之間的互助學習。透過分析每位學生的能力和需求，AI 教練可以將具有互補優勢的學生組織在一起，讓他們在學習過程中相互支持和激勵。

6-1-2　學習進度監控與反饋

AI 教練在學習進度監控與反饋方面具有顯著的優勢。透過即時追蹤學生的學習活動、作業完成情況和測試成績，AI 教練可以對學生的學習進度進行全面監控。

● **自動生成學習報告**：AI 教練可以自動生成學習報告，幫助學生即時了解自己的學習狀況。報告可能包括學生在不同科目和技能上的表現、所需改進的領域以及在某段時間內的學習進度變化。有了這些資訊，AI 教練可以給出有針對性的學習建議，幫助學生調整學習策略和計劃。

- 即時的支持和反饋：AI 教練還可以在學生遇到困難時提供即時的支持和反饋。當學生在某一課題上表現不佳或花費過多時間時，AI 教練可以進行即時干預，提供解題思路、概念澄清或者額外的練習題。這有助於學生克服學習障礙，並在適當的時候尋求老師或同學的幫助。

- 鼓勵和獎勵：AI 教練還可以在學生取得進步時給予積極的鼓勵和獎勵。這樣的正面反饋有助於提高學生的自信心，並激發他們繼續努力的動力。此外，AI 教練可以將學生的學習數據與其他學生進行比較，讓他們了解自己在同儕群體中的地位，從而調整學習目標和期望。

學習進度監控與反饋方面發揮著重要作用。透過即時追蹤學生的學習狀況，生成學習報告，提供即時的支持和鼓勵，AI 教練有助於學生更好地認識自己的學習需求，調整學習策略，克服困難，並最終實現更高的學習效果。這種個性化的學習進度監控與反饋機制對於激發學生的學習動力、提高學習質量和效率具有重要價值。

6-1-3　弱點分析與改善

AI 教練在學弱點分析與改善方面具有顯著優勢。透過對學生的學習數據和成績進行深入分析，AI 教練能夠確定學生在不同科目和技能上的弱點，從而幫助他們針對性地改進。

- 詳細分析：AI 教練會對學生的作業和測試成績進行詳細分析，找出學生在哪些方面存在困難。例如，AI 教練可能會發現某個學生在解決代數問題時表現較差，而在幾何問題上則相對出色。

- **學習建議**：AI 教練會提供有針對性的學習建議，以幫助學生克服這些弱點。這可能包括針對特定概念進行深入學習、進行額外的練習題和挑戰，或者提供易於理解的解題技巧和方法。此外，AI 教練還可能推薦相關的教育資源，如線上課程、視頻教程和教材，以幫助學生更好地掌握知識。

- **監控與調整學習建議**：在學生進行弱點改善的過程中，AI 教練會持續監控學生的學習進度，並根據實際情況調整學習建議。例如，當學生在某一概念上取得顯著進步時，AI 教練可以即時給予正面反饋，並鼓勵學生繼續努力。

AI 教練在學弱點分析與改善方面具有巨大的潛力，透過對學生的學習數據進行精確分析，提供有針對性的學習建議和資源，並持續監控學生的進步，AI 教練有助於學生克服學習困難，提高學習效果。這種個性化的弱點分析與改善機制對於幫助學生實現全面和均衡的發展具有重要價值，使他們能夠充分發揮潛能，迎接未來的挑戰。

6-1-4　學習資源推薦

AI 教練在學習資源推薦方面具有獨特的優勢。根據學生的學習需求、興趣和能力，AI 教練能夠為他們推薦合適的學習資源，以提高學習效率和興趣。

- **分析需求**：AI 教練會根據學生的學習狀況和測試成績，分析出他們在特定科目或技能上的需求。然後，AI 教練會從大量的教育資源中挑選出最符合學生需求的資源，如教材、線上課程、視頻教程、練習題等。

- **推薦適合的學習資源**：AI 教練會考慮學生的個性和學習風格，為他們推薦更適合自己的學習資源。例如，對於喜歡視覺學習的學生，AI 教練可能會推薦充滿圖像和動畫的教材；而對於喜歡聽覺學習的學生，則可能推薦音頻課程和錄音講座。這樣的個性化推薦有助於激發學生的學習興趣，提高他們的學習動力。

- **反饋、調整和更新**：AI 教練還可以根據學生的學習進度和反饋，不斷調整和更新推薦的資源。例如，當學生在某一領域取得顯著進步時，AI 教練可以推薦更高級別的學習資源，以挑戰學生的極限；而在學生遇到困難時，則可以提供更易於理解的資源，幫助他們克服學習障礙。

AI 教練在學習資源推薦方面具有顯著優勢。透過分析學生的需求、興趣和能力，為他們提供個性化的學習資源，AI 教練能夠幫助學生更有效地學習，提高學習質量和效率。此外，AI 教練還能夠根據學生的學習進度和反饋進行動態調整，確保資源推薦始終與學生的實際需求相匹配。這種個性化的學習資源推薦機制對於培養學生的自主學習能力和習慣具有重要價值，有助於他們在未來的學術和職業生涯中取得成功。

6-2 虛擬助教

6-2-1　在線答疑與輔導

虛擬助教在線答疑與輔導是 AI 教育技術的一個重要應用領域。透過提供即時、個性化的學習支持，虛擬助教能夠幫助學生解決學習過程中遇到的問題，提高學習效果和信心。

- **答疑解惑**：虛擬助教能夠為學生提供即時的答疑解惑，當學生在學習過程中遇到難題時，他們可以隨時向虛擬助教提問。虛擬助教會根據學生的問題，結合自己的知識庫，提供清晰、易懂的解答。這不僅有助於學生迅速克服學習障礙，還能節省他們在查找答案過程中所花費的時間。

- **個性化的輔導**：虛擬助教可以根據每位學生的需求和能力提供個性化的輔導。透過分析學生的學習歷程、成績和反饋，虛擬助教可以針對性地提供學習策略建議、進度安排以及激勵措施，幫助學生充分發揮潛能。

- **靈活協助**：此外，虛擬助教還具有高度的靈活性和可用性，無論是在學校教室還是家庭環境，只要有網絡連接，學生都可以隨時向虛擬助教尋求幫助。這種方便快捷的學習支持方式對於提高學生的學習積極性和自主性具有重要意義。

虛擬助教在線答疑與輔導為學生提供了一種即時、個性化且靈活的學習支持方式。利用虛擬助教，學生可以在遇到困難時迅速獲得解答，並根據自己的需求和能力獲得有針對性的輔導。這不僅有助於提高學生的學習效果，還能培養他們的自主學習能力和習慣，使他們在未來的學術和職業生涯中取得更好的成就。隨著 AI 技術的不斷發展，虛擬助教在教育領域的應用將越來越廣泛，為優質教育資源的普及和平衡教育機會發揮重要作用。

6-2-2　自動批改作業與評估

虛擬助教在自動批改作業與評估方面發揮著重要作用，透過

利用先進的 AI 技術，為教師和學生提供高效、公正和客觀的評估體驗。

- **自動批改作業和測驗**：虛擬助教可以自動批改學生的作業和測驗，節省教師的時間和精力。利用自然語言處理（NLP）和機器學習等技術，虛擬助教可以迅速分析學生的答案，判斷其正確性和完整性。對於簡單題型（如選擇題、填空題等），虛擬助教可以實現高度準確的自動批改；對於複雜題型（如計算題、解釋題等），虛擬助教也能提供初步評估，為教師提供參考。

- **客觀和公正的評估**：虛擬助教可以進行客觀和公正的評估。由於 AI 系統不受主觀情感和疲勞等因素影響，它可以保證對每位學生的作業和測驗給予一致的評價標準。這樣有助於維護評估的公平性，讓學生在相同的條件下競爭。

虛擬助教可以根據學生的評估結果提供即時反饋和建議，透過對學生作業和測驗成績的分析，虛擬助教可以即時發現學生的弱點和不足，並給出有針對性的改進建議，這有助於學生即時調整學習策略，提高學習效果。

6-2-3　課程內容生成與個性化調整

虛擬助教在課程內容生成與個性化調整方面展示了強大的潛力，透過應用先進的 AI 技術，為不同學生提供量身定制的學習體驗。

- **自動生成課程內容**：虛擬助教可以根據教學大綱和教育目標自動生成課程內容。利用自然語言處理（NLP）和

知識圖譜技術，虛擬助教能夠從大量教育資源中抽取並組織知識，形成結構化的課程體系。這大大提高了課程設計的效率，讓教師可以專注於教學實踐和學生互動。

- **因才施教**：虛擬助教可以根據每位學生的需求和能力進行個性化調整。透過分析學生的學習歷程、成績和反饋，虛擬助教能夠識別學生的強項和弱點，並針對性地調整課程內容，例如加強某一主題的學習，或者提供額外的練習材料。這樣的個性化學習策略有助於提高學生的學習成效和興趣。

- **優化課程**：虛擬助教還可以即時收集學生的學習數據和反饋，並根據這些資訊持續優化課程內容。這種動態調整機制使得課程能夠更好地適應學生的變化需求，提供更具挑戰性和吸引力的學習環境。同時，教師也可以根據虛擬助教提供的數據和分析，更加精確地評估教學成果，進一步改善教學方法和策略。

虛擬助教在課程內容生成與個性化調整方面帶來了革命性的變革。它使教師能夠高效地設計課程，並根據每位學生的需求提供個性化的學習支持。這將有助於實現教育資源的最佳分配，提高教育公平性和品質，為學生創造更具啟發性和成長性的學習經歷。

6-2-4　協助教師管理教學活動

虛擬助教在協助教師管理教學活動方面具有顯著的優勢，透過運用 AI 技術，提高教學效率，減輕教師的工作負擔，並促進教育質量的提升。

- **監控和反饋**：虛擬助教可以幫助教師進行課堂監控和參與，借助 AI 技術，虛擬助教可以追蹤學生在課堂上的互動和參與情況，並即時向教師提供反饋。這使教師能夠快速了解哪些學生需要更多的支持或挑戰，並根據需要調整教學策略。

- **生成和分配作業**：虛擬助教可以協助教師分配和管理學生的作業和測驗。虛擬助教可以自動生成和分配作業，確保作業與課程目標和學生需求保持一致。此外，它還可以對作業進行自動批改和評估，節省教師的時間和精力，讓他們能夠更專注於提供個性化的教學指導。

- **學習進度**：虛擬助教可以協助教師追蹤學生的學習進度和表現。透過收集和分析學生的學習數據，虛擬助教可以生成詳細的報告，幫助教師瞭解學生的成長情況、潛在問題和需求。這使教師能夠即時調整教學方法，提供更有針對性的支持。

- **溝通和協作**：虛擬助教可以提供即時的溝通和協作工具，促進教師與學生之間的互動。例如，虛擬助教可以協助教師建立線上討論區，方便學生在課堂外提問和分享想法。同時，教師也可以透過虛擬助教向學生發送通知、更新資訊和進度提醒，確保課程運行得更加順暢。

虛擬助教在協助教師管理教學活動方面發揮了重要作用。它不僅提高了教學效率，減輕了教師的工作負擔，而且還有助於提升教育質量和學生的學習體驗。

6-3 跨學科應用

6-3-1 語言學習與練習

ChatGPT 在跨學科應用中對語言學習與練習提供了寶貴的支持。透過整合不同領域的知識和技能，ChatGPT 有助於提高學生的學習興趣和成效。以下是 ChatGPT 在跨學科語言學習與練習中的幾個應用：

- **文化交流**：ChatGPT 可以將語言學習與地理、歷史、藝術等相關學科整合，為學生提供有關目標語言國家的文化背景知識。透過文化交流，學生能夠更好地理解和運用語言，並增強跨文化溝通能力。

- **主題式學習**：ChatGPT 可以根據學生的興趣和需求，生成涵蓋多個學科領域的語言學習材料。例如，將科學、數學或社會科學內容融入語言學習，讓學生在掌握新知識的同時，提高語言運用能力。

- **互動式學習**：ChatGPT 可為學生提供跨學科的角色扮演、情境對話和互動練習，幫助他們在實際情景中應用所學語言。透過這種方式，學生可以更好地銜接語言知識與其他學科，提升綜合運用能力。

- **跨學科寫作**：ChatGPT 能協助學生撰寫涉及多個學科領域的文章，例如將歷史事件與文學作品相結合，或將科學原理應用於語言學習。這不僅能幫助學生鞏固語言知識，還能激發創造力和批判性思維。

- **學習策略與方法**：ChatGPT 可以根據學生的需求和偏好，提供跨學科的學習策略和方法。例如，運用心理學原理

來指導語言記憶技巧，或利用數據分析方法來評估學習進度。這有助於學生找到最適合自己的學習方式，提高學習效率。

- **評估與反饋**：ChatGPT 可以為學生提供跨學科的評估與反饋，幫助他們了解自己在不同學科領域的語言運用能力。透過對學習成果的全面評估，學生可以更清楚地認識自己的優點和不足，制定合適的學習計劃。

總之，ChatGPT 在跨學科語言學習與練習中具有很大的應用價值。它能夠結合不同學科的知識和技能，為學生提供多元化、個性化的語言學習體驗。透過跨學科的互動式學習、主題式學習和評估反饋，學生可以更有效地掌握目標語言，同時提高跨文化溝通能力和綜合運用能力。隨著 AI 技術在教育領域的不斷發展，ChatGPT 將繼續擴大跨學科語言學習的應用範疇，為學生創造更豐富、更有趣的學習機會。

6-3-2　數學問題求解與解釋

ChatGPT 在數學問題求解與解釋方面具有很大的應用潛力。作為一個先進的語言模型，它可以理解和處理各種數學問題，並為學生提供有益的幫助。以下是 ChatGPT 在數學問題求解與解釋方面的幾個特點：

- **數學問題理解**：ChatGPT 能夠根據自然語言描述的數學問題，判斷其類型和難度，並識別其中的變量和運算符號。這有助於模型準確地理解問題，為後續求解提供依據。

- **求解過程**：ChatGPT 可以根據問題類型，選擇合適的數學方法或公式進行求解。它可以處理各種基本運算、代

數方程、函數圖像等數學問題。透過模型的計算能力，學生能夠快速獲得問題的解答。

● **解釋與澄清**：ChatGPT 不僅可以提供數學問題的答案，還能夠解釋求解過程中的各個步驟。這對於學生理解數學概念和方法具有很大幫助。此外，當學生對某個概念或步驟有疑問時，ChatGPT 也可以提供澄清和進一步解釋。

● **個性化學習**：ChatGPT 可以根據學生的需求和水平，提供針對性的數學問題求解與解釋。例如，對於初學者，模型可以提供更簡單的問題和詳細的解釋；對於高級學生，則可以提供更具挑戰性的問題和深入的分析。這樣的個性化學習方式有助於提高學生的學習效果和興趣。

● **即時反饋**：在求解數學問題的過程中，ChatGPT 可以根據學生的回答給予即時反饋。這不僅有助於學生即時發現和糾正錯誤，還可以加深對數學知識的理解。

● **應用與拓展**：ChatGPT 還可以協助學生將所學數學知識應用到實際問題中。例如，解決實際生活中的數學問題，或將數學原理應用於其他學科領域。這有助於學生將數學知識與實際情境結合，提高綜合運用能力。

● **跨學科整合**：ChatGPT 可以將數學知識與其他學科領域相互整合，幫助學生建立跨學科的思維和視野。例如，在物理、化學和經濟學等領域中，數學方法和概念具有廣泛應用。

● **學習資源推薦**：根據學生的需求和興趣，ChatGPT 可以

推薦相應的數學學習資源，如教材、練習題、視頻教程等。這有助於學生找到合適的學習資源，提高學習效果。

總之，ChatGPT 在數學問題求解與解釋方面具有很大的應用價值。

6-3-3　科學概念解析與示例

ChatGPT 在科學概念解析與示例方面展現出強大的潛力。作為一個先進的語言模型，它能夠幫助學生更好地理解和掌握各種科學概念，並透過生動的實例來加深理解。以下是 ChatGPT 在科學概念解析與示例方面的幾個特點：

- **概念解析**：ChatGPT 能夠將複雜的科學概念用簡單易懂的語言解釋，幫助學生更快地理解和消化知識。無論是物理、化學、生物還是地理等學科，ChatGPT 都可以提供清晰的解析。

- **示範與實例**：為了幫助學生更好地掌握概念，ChatGPT 可以提供具體的示範和實例。這些例子可以是真實的現象、歷史事件或虛擬情境，有助於將抽象的概念與實際情境相結合，使學生更容易理解和記憶。

- **跨學科整合**：ChatGPT 可以將科學概念與其他學科領域相互整合，幫助學生建立跨學科的思維和視野。例如，在物理、化學和生物等領域中，概念和方法的應用有時會相互影響。

- **問題解答**：當學生在理解科學概念時遇到困難時，ChatGPT 可以提供即時的回答和解釋，解答學生的疑問。這有助於學生即時消除疑惑，鞏固知識點。

- **自我檢測**：透過提供與科學概念相關的題目，ChatGPT 可以幫助學生自我檢測理解程度。這有助於學生即時發現自己的不足之處，並對知識點進行加強練習。

- **學習資源推薦**：根據學生的需求和興趣，ChatGPT 可以推薦相應的科學學習資源，如教材、練習題、視頻教程等。這有助於學生找到合適的學習資源，提高學習效果。

- **知識拓展**：ChatGPT 可以根據學生的需求，提供與科學概念相關的延伸知識和最新研究進展，激發學生的學習興趣，培養探究精神。

- **討論與合作**：透過 ChatGPT，學生可以更容易地進行關於科學概念的討論和合作。這有助於培養學生的團隊協作能力和批判性思維。

總之，ChatGPT 在科學概念解析與示例方面具有很大的應用價值。它可以幫助學生更好地理解科學知識，提供生動的示範和例子，並協助學生自我檢測、拓展知識和進行討論。

6-3-4　程式設計教學與技術支持

ChatGPT 在程式設計教學與技術支持方面具有強大應用潛力。作為一個先進的語言模型，它能夠幫助學生掌握程式設計基礎知識，解決技術問題，並提供編程實踐建議。以下是 ChatGPT 在程式設計教學與技術支持方面的幾個特點：

- **基礎教學**：ChatGPT 可以為初學者提供程式設計的基礎知識，如語法、數據結構和算法等。透過對這些概念的解釋，學生能夠建立良好的程式設計基礎。

- **程式碼實例**：ChatGPT 能夠根據學生的需求提供具體的程式碼實例，幫助學生理解如何應用知識解決實際問題。這些示例可以涉及不同程式語言（如 Python、JavaScript、Java 等）和各種主題。

- **問題解答**：當學生在編程過程中遇到困難時，ChatGPT可以提供即時的技術支持和解答，幫助學生解決問題，提高編程效率。

- **優化**：ChatGPT 可以對學生提交的程式碼進行審查，指出潛在的錯誤和不足之處，並提供改進建議。透過這一過程，學生能夠學會撰寫更加高效、可讀的程式碼。

- **跨語言支持**：ChatGPT 能夠支持多種程式語言，使學生能夠根據自己的需求和興趣選擇合適的語言進行學習。

- **實戰經驗**：ChatGPT 可以提供實際項目和案例，幫助學生將所學知識應用於實際開發環境，提高實戰能力。

- **學習資源推薦**：根據學生的需求和興趣，ChatGPT 可以推薦相應的程式設計學習資源，如教材、線上課程、教程等。這有助於學生找到合適的學習資源，提高學習效果。

- **社群互動**：ChatGPT 可以協助學生與其他程式設計愛好者互動，分享心得，解決問題，並建立起有益的學習網絡。這有助於學生擴大視野，提升技能，並培養團隊協作能力。

總之，ChatGPT 在程式設計教學與技術支持方面具有很大的應用價值。它可以幫助學生掌握編程基礎知識，提供代碼示例和問題解答，並協助學生優化代碼、獲得實戰經驗。同時，透過學

習資源推薦和社群互動，學生能夠更有效地學習程式設計，提升自身技能。

6-4　軟技能培訓

6-4-1　面試技巧和模擬

它可以幫助求職者練習面試技巧、回答常見面試問題，以及提供有效的建議和反饋。以下是 ChatGPT 在面試技巧和模擬方面的幾個特點：

- 常見問題解答：ChatGPT 可以提供各行各業的常見面試問題，幫助求職者了解面試官可能會問到的問題，並提前做好充分的準備。

- 模擬面試：求職者可以與 ChatGPT 進行模擬面試，對話中，ChatGPT 扮演面試官的角色，提問並評估求職者的回答。這有助於求職者在正式面試前練習應對技巧，增強自信。

- 反饋與建議：在模擬面試過程中，ChatGPT 會根據求職者的回答提供具體的反饋和建議，指出回答中的不足之處，並給出改進的方法。

- 面試技巧培訓：ChatGPT 可以提供面試技巧培訓，教授求職者在面試中如何展示自己的優勢，應對各種情況，以及如何與面試官建立良好的互動。

- 企業文化了解：ChatGPT 可以幫助求職者了解應聘公司的企業文化，使求職者在面試時能夠更好地適應並展示出符合公司期望的特質。

- 職業規劃指導：ChatGPT 可以根據求職者的職業目標和背景，提供職業規劃建議，協助求職者制定合適的求職策略。

透過以上應用，ChatGPT 可以有效地協助求職者提升面試技巧，增加求職成功的機會。

6-4-2 溝通技巧和社交互動

ChatGPT 在軟技能培訓方面具有很大的應用潛力，特別是在提升溝通技巧和社交互動能力上。以下是 ChatGPT 在這方面的幾個特點：

- 客觀反饋：ChatGPT 可以作為一個中立的對話者，提供客觀的反饋。用戶可以與 ChatGPT 練習對話，從而在真實的社交場景中改善溝通技巧。

- 模擬不同場景：用戶可以與 ChatGPT 模擬各種社交場景，例如辦公室會議、家庭聚會、朋友聚會等。這有助於用戶適應各種社交情境，提高應變能力。

- 非語言行為指導：ChatGPT 可以提供非語言行為的建議，例如肢體語言、語調、表情等。這有助於用戶在社交互動中獲得更好的效果。

- 培養聆聽技巧：ChatGPT 可以教授用戶有效的聆聽技巧，如同理心、開放性問題等。這有助於用戶在對話中更好地理解他人，建立良好的人際關係。

- 跨文化溝通訓練：ChatGPT 可以協助用戶了解不同文化背景下的溝通習慣和禮儀，提高用戶在跨文化環境中的適應能力。

- **情緒管理指導**：ChatGPT 可以教授用戶如何在社交互動中正確表達情緒，以及如何處理他人的情緒反應。這有助於用戶維護穩定的人際關係，避免不必要的衝突。

總之，ChatGPT 在軟技能培訓中，尤其是在提升溝通技巧和社交互動能力方面具有很大的應用價值。透過與 ChatGPT 的互動，用戶能夠在不同的社交場景中磨練自己的技能，建立更好的人際關係。

6-4-3 演講和寫作指導

ChatGPT 在軟技能培訓中，對於演講和寫作指導方面具有顯著的幫助。以下是 ChatGPT 在這方面的幾個特點：

- **演講結構規劃**：ChatGPT 能夠幫助用戶制定清晰的演講結構，確保演講內容連貫、有條理。用戶可以根據 ChatGPT 的建議，對演講進行有效的安排。

- **內容優化建議**：在演講和寫作過程中，ChatGPT 可以提供有關語言表達、敘事技巧和論據設計等方面的建議，幫助用戶提高內容的吸引力和說服力。

- **寫作風格指導**：ChatGPT 可以根據用戶的需求，提供不同風格的寫作指導，例如正式、非正式、商業、學術等，幫助用戶適應各種寫作場景。

- **語言練習與修改**：用戶可以透過與 ChatGPT 互動，練習寫作和演講表達，並獲得即時的回饋和修改建議，提高語言技能。

- 模擬演講練習：ChatGPT 可以模擬不同類型的聽眾，以便用戶在模擬環境中練習演講。這有助於用戶在真實情況下提高自信心和表達能力。

- 克服緊張和恐懼：ChatGPT 能夠提供心理建設和情緒管理技巧，幫助用戶克服在演講和寫作過程中可能遇到的緊張和恐懼。

總之，ChatGPT 在軟技能培訓中，對於演講和寫作指導方面具有很大的應用價值。透過與 ChatGPT 的互動，用戶能夠獲得實用的建議和指導，提高自己的表達能力，從而在各種場合中取得更好的表現。

6-4-4　時間管理與組織技巧

ChatGPT 在軟技能培訓中對於時間管理和組織技巧方面也提供了很大的幫助。以下是 ChatGPT 在這方面的幾個特點：

- 制定時間管理計劃：ChatGPT 可以根據用戶的需求和目標，協助他們制定合理的時間管理計劃，確保有效地分配時間和資源。

- 優先級排序：ChatGPT 能夠幫助用戶識別哪些任務具有較高的優先級，並建議他們按照優先級進行排序，以提高工作效率。

- 提醒與追蹤：ChatGPT 可以設置提醒和追蹤功能，以確保用戶按照時間表和計劃執行任務，達成目標。

- 組織技巧建議：ChatGPT 可以提供組織技巧的建議，例如如何分類和儲存文件、如何有效地管理電子郵件等，幫助用戶提高組織能力。

- **克服拖延**：ChatGPT 能夠提供心理建設和行為改變策略，幫助用戶克服拖延症，並養成良好的時間管理習慣。

- **工作生活平衡**：ChatGPT 可以協助用戶在工作和生活之間找到平衡，提供建議以實現合理的時間分配和保持健康的生活方式。

綜上所述，ChatGPT 在軟技能培訓中對於時間管理和組織技巧方面具有很大的應用價值。透過與 ChatGPT 的互動，用戶能夠獲得實用的建議和指導，提高自己的時間管理和組織能力，從而更有效地應對日常生活和工作中的挑戰。

6-5 知識擴展與創新思維

6-5-1 問題解決與批判性思考

ChatGPT 在知識擴展和創新思維方面具有很大的潛力，特別是在問題解決和批判性思考這兩個方面。以下是 ChatGPT 如何協助用戶提高問題解決能力和批判性思考技巧的幾個要點：

- **問題解析**：ChatGPT 能夠幫助用戶快速分析問題，確定核心問題和關鍵因素，從而使他們能夠集中精力解決最重要的問題。

- **提供多種解決方案**：ChatGPT 可以根據問題類型和用戶需求，提供多種可能的解決方案，使用者可以從中選擇最合適的策略。

- **批判性思考**：ChatGPT 可以引導用戶進行批判性思考，教導他們如何評估不同觀點和資訊，以便在解決問題時做出明智的決策。

- 促進創新思維：ChatGPT 可以激發用戶的創新思維，鼓勵他們在解決問題時跳出固有思維模式，嘗試新方法和觀點。

- 提供即時反饋：ChatGPT 能夠根據用戶提供的資訊，給出即時的反饋和建議，幫助他們不斷改進問題解決策略。

- 學習資源推薦：ChatGPT 可以根據用戶的需求和興趣，推薦相關的學習資源，幫助他們擴展知識面，提高問題解決能力。

透過與 ChatGPT 的互動，用戶能夠獲得寶貴的問題解決和批判性思考技巧。這將有助於他們在學術、職業和日常生活中更有效地應對挑戰，並培養創新思維。

6-5-2 創意生成與靈感激發

ChatGPT 在知識擴展和創新思維方面展示了很大的潛力，尤其是在創意生成和靈感激發方面。以下是 ChatGPT 如何協助用戶提高創意能力和激發靈感的幾個要點：

- 創意思維培養：ChatGPT 透過提供不同的觀點和想法，幫助用戶拓寬思維，培養創意思維。

- 靈感激發：ChatGPT 可以根據用戶的需求和興趣，提供創意想法和建議，從而激發用戶的靈感。

- 創意實踐：ChatGPT 可以協助用戶將抽象的創意具體化，並提供相關實踐建議，幫助他們實現創意成果。

- 跨領域思維：ChatGPT 具有大量的知識庫，可協助用戶進行跨領域的創意組合，從而形成獨特的創意想法。

- **即時反饋**：ChatGPT 能夠對用戶的創意想法提供即時反饋和建議，幫助他們不斷改進和完善創意方案。

- **創意資源推薦**：ChatGPT 可以根據用戶的需求和興趣，推薦相關的創意資源，幫助他們擴展知識面，提高創意能力。

透過與 ChatGPT 的互動，用戶能夠獲得有關創意生成和靈感激發的實用技巧和建議。這將有助於他們在學術、職業和日常生活中更好地發揮創意潛力，並培養創新思維。

6-5-3　跨學科知識整合與應用

ChatGPT 在知識擴展和創新思維方面的優勢之一是其能力在跨學科知識整合與應用方面。以下是 ChatGPT 如何協助用戶實現跨學科知識整合與應用的幾個要點：

- **知識庫整合**：ChatGPT 擁有大量來自各個領域的知識，能夠根據用戶的需求提供相應的資訊，幫助他們擴展知識面。

- **跨學科對話**：ChatGPT 可以協助用戶進行跨學科的對話，提供來自不同領域的觀點和解決方案，有助於激發創新思維。

- **問題解決**：ChatGPT 可以利用其跨學科的知識，幫助用戶解決各種複雜問題，提供創新且實用的解決方案。

- **跨領域合作**：ChatGPT 可以協助用戶在跨領域合作中發揮作用，提供專業建議和協調不同領域的知識。

- **學術研究支持**：ChatGPT 可以為用戶提供跨學科的研究資料，幫助他們在學術研究中取得更好的成果。

- **跨領域創新**：透過與 ChatGPT 的互動，用戶可以在不同學科之間找到聯繫，並探索潛在的創新應用。

　　總之，ChatGPT 在跨學科知識整合與應用方面的能力，使其成為一個強大的工具，有助於用戶在學術、職業和日常生活中取得更好的成果。透過與 ChatGPT 的互動，用戶可以擴展自己的知識面，激發創新思維，並在各個領域取得成功。

6-5-4　開放式問題探討與辯論

　　ChatGPT 在知識擴展和創新思維方面具有卓越的能力，尤其在開放式問題探討與辯論方面。以下是 ChatGPT 如何協助用戶開展開放式問題探討和辯論的幾個方面：

- **多角度分析**：ChatGPT 可以從多個角度分析問題，幫助用戶更全面地了解問題的各個方面，以便進行深入探討和辯論。

- **提供資料支持**：ChatGPT 擁有廣泛的知識庫，能夠提供來自不同領域的資料和資訊，為用戶在探討開放式問題時提供有力支持。

- **激發創新思考**：ChatGPT 可以提出具有啟發性的觀點和解決方案，幫助用戶在開放式問題探討中激發創新思維。

- **辯論技巧指導**：ChatGPT 可以教授用戶有效的辯論技巧，如組織論據、澄清立場和反駁對手，以提高辯論水平。

- **協助制定策略**：ChatGPT 能夠根據用戶的需求，協助他們制定有針對性的辯論策略，提高辯論的成功率。

- **即時反饋**：ChatGPT 可以在辯論過程中為用戶提供即時反饋，幫助他們調整策略，提高辯論效果。

綜上所述，ChatGPT 在開放式問題探討與辯論方面的協助，能夠幫助用戶提高他們的思辯能力和創新思維。透過與 ChatGPT 的互動，用戶能夠在探討開放式問題時獲得更多的洞見，並在辯論中取得更好的成績。

第 7 章
企業與商業 - 客戶支持和市場策略

在企業與商業領域，ChatGPT 的應用能夠為客戶支持和市場策略提供巨大助力。透過自動回答客戶問題、優化廣告文案和分析市場趨勢等功能，ChatGPT 不僅提高客戶滿意度，還有助於制定有效的市場策略，本章將探討如何利用這一強大工具來改變企業營運模式，提升業績和競爭力。

7-1　客戶支持

7-1-1　自動回答客戶問題

在現代企業與商業領域中，提供高效且快速的客戶支持至關重要。ChatGPT 作為客戶支持的助手，能自動回答客戶問題，提升客戶滿意度。以下是一些主要功能：

- **一天 24 小時無間斷支持**：ChatGPT 能夠全天候提供支持，讓客戶隨時獲得所需的幫助，並提高客戶滿意度。

- **瞬間回應**：ChatGPT 能夠迅速回答客戶問題，縮短客戶等待時間，提高服務效率。

- **自然語言處理**：透過自然語言處理技術，ChatGPT 能理解客戶的問題，並給出適當的答案。

- **持續學習和優化**：ChatGPT 會根據用戶反饋不斷學習和優化，以提高回答問題的準確性。

- **跨行業應用**：ChatGPT 能夠應對不同行業的客戶問題，從而滿足各種企業的需求。

ChatGPT 在客戶支持方面的應用為企業提供了一個高效、靈活且智能的解決方案。它能夠實現全天候無間斷的支持，迅

速回答客戶問題，並具有持續學習和優化的能力。透過使用ChatGPT，企業可以提高客戶滿意度，降低人力成本，並在競爭激烈的市場中取得優勢。

7-1-2 用戶滿意度評估

在企業與商業領域，用戶滿意度是衡量企業表現的重要指標。ChatGPT 在客戶支持方面的應用，有助於評估用戶滿意度並做出相應改進，以下是在用戶滿意度評估方面的幾個要點：

- **在線問卷調查**：ChatGPT 可用於設計和發布在線問卷調查，以便收集客戶對產品和服務的意見，以評估他們的滿意度。

- **分析客戶反饋**：ChatGPT 能夠分析客戶的反饋和評論，識別客戶需求和期望，並找出需要改進的地方。

- **監測社交媒體**：ChatGPT 可用於監測社交媒體平台上的用戶評論，以獲得對滿意度的即時評估。

- **數據可視化**：利用數據可視化工具，ChatGPT 可將滿意度評估結果以圖表和報告形式呈現，便於企業分析和決策。

- **客戶滿意度跟進**：ChatGPT 能夠根據評估結果，提供針對性的改進建議，並協助企業制定相應策略以提高客戶滿意度。

ChatGPT 在用戶滿意度評估方面具有廣泛的應用潛力。它能夠協助企業收集和分析客戶反饋，以評估他們對產品和服務的滿意度。透過使用 ChatGPT，企業可以更好地了解客戶需求，制

定有效策略以提高客戶滿意度，從而在競爭激烈的市場中取得成功。

7-1-3　處理投訴和退貨

在企業與商業領域，優質的客戶支持是維持客戶忠誠度和提高業務競爭力的重要因素。ChatGPT 在客戶支持方面具有很大的應用潛力，特別是在處理投訴和退貨方面，以下是 ChatGPT 在此方面的幾個要點：

- **自動識別問題**：ChatGPT 能夠自動識別客戶的投訴和退貨需求，並將其分類以便進行快速處理。

- **生成回應模板**：ChatGPT 可根據客戶的具體問題生成個性化的回應模板，以提高回應效率和客戶滿意度。

- **指南和教程**：ChatGPT 能夠提供客戶在退貨過程中需要的指南和教程，以便他們能夠快速瞭解退貨政策和程序。

- **追蹤退貨進度**：ChatGPT 可協助企業追蹤退貨進度，確保客戶的需求得到即時滿足。

- **數據收集和分析**：透過收集和分析退貨和投訴數據，ChatGPT 有助於企業識別產品和服務的潛在問題，從而改進其業務運營。

ChatGPT 在處理投訴和退貨方面的應用可以提高企業的客戶支持品質，維護客戶忠誠度，並提高業務競爭力。透過自動化處理和分析退貨和投訴數據，企業可以更好地了解客戶需求和滿意度，進而制定相應策略以改善產品和服務，實現長期發展。

7-1-4　產品使用建議和技術支援

在企業與商業領域，客戶支持是一個關鍵要素，能夠幫助業務擴展並維持客戶滿意度。ChatGPT 在客戶支持方面表現出色，特別是在提供產品使用建議和技術支援方面，以下是幾個 ChatGPT 在此方面的要點：

- **自動解答產品問題**：ChatGPT 可以自動回答客戶關於產品使用的問題，節省了客服人員的時間並提高客戶滿意度。

- **提供使用說明書**：ChatGPT 可以根據客戶的需求生成產品使用說明書，幫助客戶更好地掌握產品功能。

- **遠程技術支援**：ChatGPT 能夠提供遠程技術支援，協助客戶解決技術問題，提高產品使用體驗。

- **優化產品知識庫**：ChatGPT 可以分析客戶問題，根據分析結果優化產品知識庫，確保知識庫內容的準確性和即時性。

- **即時反饋**：透過 ChatGPT，客戶可以在使用產品過程中提供即時反饋，幫助企業即時了解客戶需求，進行產品改進。

ChatGPT 在提供產品使用建議和技術支援方面展現出強大的能力。企業可以透過利用 ChatGPT 提供高效、即時的客戶支持，提升客戶滿意度和忠誠度，從而促進業務發展。借助 ChatGPT，企業能夠更好地瞭解客戶需求，確保產品和服務持續改進，以滿足不斷變化的市場需求。

7-1-5　優化客服工作流程

在企業與商業領域，客戶支持是至關重要的，尤其是在滿足客戶需求和保持客戶滿意度方面。借助 ChatGPT，企業可以優化客服工作流程，提高客服團隊的工作效率。以下是 ChatGPT 在此方面的幾個要點：

- **智能分類問題**：ChatGPT 能夠對客戶問題進行智能分類，將其指派給相應的客服人員，提高問題解決速度。

- **自動回答常見問題**：ChatGPT 可以自動回答客戶的常見問題，減輕客服人員的工作負擔，並提高客戶滿意度。

- **知識庫整合**：ChatGPT 能夠整合企業的知識庫，使客服人員可以快速查找相關資訊，提高問題解決效率。

- **數據分析與報告**：ChatGPT 可以分析客戶互動數據，生成相應報告，幫助企業瞭解客戶需求和滿意度，指導客服團隊改進工作。

- **培訓與指導**：ChatGPT 可以協助客服團隊進行培訓和指導，提高客服人員的專業知識和技能。

ChatGPT 可以幫助企業優化客服工作流程，提高客服團隊的工作效率和客戶滿意度。透過利用 ChatGPT 的功能，企業可以實現更高效的客戶支持，進一步提升客戶滿意度和忠誠度。在競爭激烈的市場環境中，借助 ChatGPT 進行客服工作流程優化將有助於企業在客戶支持方面取得競爭優勢。

7-2 市場策略

7-2-1 市場分析和競爭對手分析

在企業與商業領域，制定有效的市場策略對於促使企業成長和獲得競爭優勢至關重要。其中市場分析和競爭對手分析是市場策略的重要組成部分。借助 ChatGPT，企業可以在這些方面獲得有力支持，以下是 ChatGPT 在市場分析和競爭對手分析方面的幾個要點：

- 收集市場數據：ChatGPT 可以自動收集和整理各種市場數據，包括行業趨勢、客戶需求、市場規模等，為企業提供寶貴的市場資訊。

- 評估競爭環境：ChatGPT 能夠評估競爭環境，分析行業內的競爭對手，瞭解其優勢和劣勢，並提供對策建議。

- 目標市場定位：ChatGPT 可協助企業確定目標市場，找到潛在客戶群體，並制定針對性的營銷策略。

- 品牌分析：ChatGPT 可以分析品牌形象和定位，確保企業的營銷策略與品牌形象保持一致。

- 監控市場動態：ChatGPT 能夠實時監控市場動態，掌握行業變化和競爭對手動態，即時調整市場策略。

ChatGPT 在市場分析和競爭對手分析方面的應用，可以為企業提供全面而深入的市場洞察，有助於制定出更有效的市場策略。在高度競爭的商業環境中，利用 ChatGPT 進行市場分析和競爭對手分析將有助於企業在市場中脫穎而出，實現可持續發展。

7-2-2　消費者行為分析

在企業與商業領域，了解消費者行為對於制定成功的市場策略至關重要。ChatGPT 可以協助企業分析消費者行為，從而提供有針對性的市場策略建議，以下是 ChatGPT 在消費者行為分析方面的幾個要點：

- **數據收集**：ChatGPT 可以從多個渠道收集消費者行為數據，例如購物歷史、網絡評論和社交媒體等。

- **行為模式識別**：ChatGPT 能夠分析消費者的購物習慣、產品偏好和滿意度等因素，從而識別行為模式，以便更好地理解消費者需求。

- **目標客戶定位**：對消費者行為的深入分析，ChatGPT 可以幫助企業精確地定位目標客戶群體，提高市場營銷的有效性。

- **預測消費者趨勢**：透過對歷史數據的分析，ChatGPT 可以預測未來的消費者趨勢，為企業提供有益的市場資訊。

- **用戶經驗改進建議**：根據消費者行為分析結果，ChatGPT 可以為企業提供改進用戶經驗的建議，提高客戶滿意度和忠誠度。

ChatGPT 在消費者行為分析方面的應用可以幫助企業更好地了解目標客戶，制定有針對性的市場策略。透過收集和分析數據，識別行為模式，定位目標客戶以及預測消費者趨勢，企業能夠提高市場營銷的有效性和提升客戶滿意度。

7-2-3　創建和優化廣告文案

在當今競爭激烈的市場環境中，創建和優化廣告文案對於吸引目標客戶和提高品牌知名度至關重要。ChatGPT 作為一個先進的語言模型，可以幫助企業在市場策略方面實現創意廣告文案的生成和優化。

- 文案風格定位：根據品牌形象和目標客戶群體，ChatGPT 可以為企業生成具有一致風格和語言調性的廣告文案。

- 關鍵字運用：ChatGPT 可以識別和整合適用於廣告文案的關鍵字，從而提高搜索引擎的排名和曝光度。

- 情感語言運用：ChatGPT 能夠在廣告文案中使用情感語言，引起消費者的共鳴和興趣，從而增加點擊率和轉化率。

- 文案測試和優化：透過對不同文案版本的效果進行測試，ChatGPT 可以確定最佳廣告文案，並對其進行持續優化。

- 跨平台適應：ChatGPT 可以根據不同平台的特點和要求，生成適合各種平台的廣告文案，如社交媒體、搜索引擎和電子郵件等。

ChatGPT 在創建和優化廣告文案方面的應用可以幫助企業提高品牌知名度和吸引目標客戶。透過文案風格定位、關鍵字運用、情感語言運用以及文案測試和優化等方面，企業可以實現更高效的市場策略，並滿足不同平台的需求。

7-2-4　社交媒體策略和內容生成

在當今數字化時代，社交媒體已成為企業獲得成功的重要途徑。有效的社交媒體策略和內容生成可以幫助企業擴大品牌覆蓋範圍，增強與目標客戶的互動，ChatGPT 可以為企業提供有力支持，實現社交媒體策略的制定和內容生成。

- 目標客群分析：ChatGPT 可以根據企業目標客戶的特點和需求，制定有針對性的社交媒體策略。

- 內容生成：ChatGPT 可以為企業生成各種形式的社交媒體內容，如文章、圖片、視頻等，以滿足不同平台的需求。

- 互動管理：ChatGPT 可以自動回應用戶評論和私訊，幫助企業提高客戶互動和滿意度。

- 數據分析：透過對社交媒體數據進行分析，ChatGPT 可以識別成功策略並提供改進建議，以提高內容表現和粉絲參與度。

- 跨平台整合：ChatGPT 可以協助企業實現在不同社交媒體平台上的策略和內容一致性，確保品牌形象的統一。

綜上所述 ChatGPT 在社交媒體策略和內容生成方面的應用可以為企業帶來巨大的競爭優勢。透過目標客群分析、內容生成、互動管理、數據分析以及跨平台整合等方面的實踐，企業可以充分利用社交媒體這一強大工具，實現品牌傳播和客戶互動的最佳效果。

7-2-5 銷售預測和定價策略

　　銷售預測和定價策略是企業營銷計劃中的關鍵環節，對企業獲得競爭優勢、提高市場份額和盈利能力具有重要意義。ChatGPT 可以幫助企業實現精準的銷售預測和合理的定價策略，提升企業的市場表現和競爭力。

- **數據收集**：利用 ChatGPT 整合企業內部和外部數據，包括歷史銷售數據、市場趨勢、消費者行為等，為後續分析提供充分的數據支持。

- **銷售預測**：使用數據分析，ChatGPT 可以預測企業在未來一段時間內的銷售情況，為企業決策提供依據。

- **定價策略**：根據市場環境、競爭對手定價、產品成本等因素，ChatGPT 可以為企業制定合適的定價策略，以達到滿足企業利潤目標的效果。

- **彈性定價**：ChatGPT 可以根據市場需求、存貨水平等變化因素，實時調整企業產品定價，以提高銷售額和利潤。

- **定價測試**：ChatGPT 可以協助企業進行定價策略的測試，確保所制定的定價策略能夠在實際市場環境中達到預期效果。

　　ChatGPT 在銷售預測和定價策略方面的應用可以為企業帶來顯著的優勢。透過數據收集、銷售預測、定價策略制定、彈性定價以及定價測試等方面的協助，企業能夠在競爭激烈的市場中保持競爭力，實現業務增長和利潤最大化。

第 8 章

健康與醫療 - 患者諮詢和疾病預測

　　在健康與醫療領域，AI 技術的應用為患者和醫療專業人士帶來了便捷與高效的解決方案。特別是 ChatGPT，其在患者諮詢和疾病預測方面具有巨大潛力。透過對大量醫療數據的分析，ChatGPT 可為患者提供更準確的建議，並協助醫生進行疾病預測，從而提高醫療服務的品質。本章將深入探討 ChatGPT 在健康與醫療領域的應用，以及其為未來醫療帶來的改變。

8-1　患者諮詢

8-1-1　症狀評估

　　在健康與醫療領域，患者諮詢是一個重要環節，尤其是症狀評估的準確性對於確保患者得到適當的治療至關重要。ChatGPT 在這方面具有顯著的潛力，能夠協助醫生和患者進行更有效的症狀評估。

- **數據驅動的分析**：透過對大量醫療數據的學習，ChatGPT 可以對患者的症狀進行更精確的評估，從而幫助確定可能的病因。

- **自然語言處理能力**：ChatGPT 能夠理解患者用自然語言描述的症狀，並提供相應的建議，進一步提高諮詢效率。

- **線上諮詢便利**：ChatGPT 可以隨時隨地為患者提供症狀評估服務，避免了患者排隊等候的時間成本，降低了就診壓力。

- **醫生輔助工具**：ChatGPT 可以協助醫生快速評估患者症狀，節省醫生時間，讓他們專注於病情診斷和治療方案的制定。

ChatGPT 在患者諮詢中的症狀評估應用為醫療服務帶來了便捷性和高效性。透過大數據分析和自然語言處理能力，它不僅可以為患者提供即時的症狀評估，還可以成為醫生的得力助手，提高整體醫療服務的品質。

8-1-2　藥物資訊

在健康與醫療領域中，藥物資訊是患者諮詢的重要部分。準確而即時地提供藥物資訊，有助於患者更好地了解自己的用藥需求和用藥安全，ChatGPT 在這方面具有巨大的潛力，可以為患者提供綜合性的藥物資訊服務。

- **藥物成分和作用機制**：ChatGPT 能夠為患者提供藥物成分的詳細資訊，以及藥物如何在體內起作用的相關知識。

- **劑量和用藥時間**：針對患者的具體情況，ChatGPT 可以給出合適的藥物劑量和用藥時間建議，以確保患者正確用藥。

- **副作用和禁忌**：ChatGPT 能夠提醒患者關注潛在的副作用，並提醒患者在特定情況下應避免使用某些藥物。

- **藥物相互作用**：對於正在使用多種藥物的患者，ChatGPT 可以識別潛在的藥物相互作用，降低用藥風險。

- **醫生協作**：ChatGPT 可以與醫生共同確定最佳的藥物治療方案，並即時更新藥物資訊，以確保患者獲得最新的用藥建議。

ChatGPT 在患者諮詢中的藥物資訊應用，為患者和醫生帶來了便捷和準確的服務，透過提供全面的藥物資訊，ChatGPT 有助

於患者更好地了解藥物使用方法和注意事項，提高用藥安全性。
同時這也為醫生提供了一個有效的工具，幫助他們更高效地進行
患者的健康治療。

8-1-3　健康建議

在健康與醫療領域，AI 技術如 ChatGPT 可以為患者提供實
用的健康建議，幫助他們維持良好的生活習慣。這樣的應用可以
方便患者在日常生活中獲得專業的建議，減輕醫療人員的工作壓
力。

- **健康飲食建議**：根據患者的飲食習慣和營養需求，
  ChatGPT 可以提供合適的膳食建議，以確保患者攝取足
  夠的營養。

- **運動指南**：根據患者的身體狀況和運動喜好，AI 可以提
  供定制的運動計劃，幫助患者保持適當的身體活動。

- **睡眠建議**：ChatGPT 可以為患者提供改善睡眠質量的方
  法，如合適的睡眠環境、放鬆技巧等。

- **壓力管理**：AI 可以教導患者如何應對日常壓力，並提供
  心理健康方面的支持。

- **慢性病管理**：對於患有慢性病的患者，ChatGPT 可以提
  供相應的生活方式調整建議，幫助患者更好地控制病情。

總之，AI 技術如 ChatGPT 在健康與醫療領域具有廣泛的應
用前景。透過為患者提供實用的健康建議，AI 可以幫助人們更好
地了解自己的身體狀況，培養良好的生活習慣，從而提高生活品
質。

8-1-4　轉介專業醫療機構

在健康與醫療領域中，患者諮詢是一個關鍵環節。對於 AI 技術如 ChatGPT 來說，在轉介專業醫療機構方面具有潛力和價值。這將有助於確保患者獲得適當的診治，並為患者提供更好的醫療體驗。

- **智能分析**：根據患者描述的症狀和健康問題，AI 可以評估可能需要專業醫療機構的情況，並給予合適的建議。

- **尋找合適的醫療機構**：AI 可以針對患者的地理位置、需求和可用資源，為他們找到合適的專業醫療機構。

- **預約協助**：ChatGPT 可以協助患者在專業醫療機構預約就診，減輕患者的壓力，並確保他們能夠即時獲得所需的醫療服務。

- **與專業醫療機構溝通**：AI 可以協助患者與醫療機構取得聯繫，確保患者的訊息和需求能夠被有效傳達。

ChatGPT 作為患者諮詢的一部分，在轉介專業醫療機構方面具有顯著的價值。它可以透過評估患者的需求、提供合適的建議、協助預約以及與醫療機構溝通等方式，確保患者獲得適切並即時的專業醫療服務。

8-2 疾病預測

8-2-1 數據分析

在健康與醫療領域，數據分析在疾病預測方面顯得尤為重要，透過利用大數據和 AI 技術，如 ChatGPT，我們可以更準確地評估患者的疾病風險，從而提供更好的預防措施和治療方案，以下是數據分析在疾病預測中的一些要點：

- **患者健康數據**：AI 分析患者的健康數據，如年齡、性別、生活習慣和家族病史等，以評估疾病風險。

- **醫療記錄分析**：AI 可以挖掘大量醫療記錄中的潛在趨勢和模式，進一步提高疾病預測的準確性。

- **病例對比**：AI 可以對比類似病例，預測患者未來可能出現的健康問題，從而提前制定治療策略。

- **流行病學研究**：AI 能夠分析地理區域和人口統計因素，預測特定地區或人群的疾病發生率。

數據分析在疾病預測方面具有重要價值。AI 技術的應用將有助於實現更為準確的風險評估，並為醫療專業人員提供更有力的決策支持。隨著 AI 技術的不斷發展，我們期待未來在疾病預測領域取得更加突破性的成果。

8-2-2 風險評估

疾病預測在健康與醫療領域中扮演著關鍵角色，其中風險評估是一個重要環節。透過對患者的風險評估，醫療專業人員能夠提前識別高風險群體，制定相應的預防和治療策略。在這一過程

中，AI技術如ChatGPT，能夠大幅提高風險評估的準確性和效率，以下是風險評估的幾個要點：

- **個人健康數據**：分析患者的年齡、性別、生活習慣、家族病史等因素，以評估疾病風險。

- **生物標記**：AI可以分析生物標記，如血液檢測結果和基因變異等，以提高風險評估的準確性。

- **統計建模**：利用統計學和機器學習方法，建立疾病風險評估模型，預測未來疾病發生的概率。

- **時間序列分析**：分析患者的健康數據變化趨勢，以評估疾病發展風險及病情惡化可能性。

- **社會心理因素**：考慮患者的心理狀態、社會支持和生活壓力等因素，評估其對疾病風險的影響。

風險評估在疾病預測中具有至關重要的作用，AI技術的運用不僅提高了風險評估的準確性，還為醫療專業人員提供了更全面、更客觀的判斷依據。隨著數據分析技術在醫療領域的進一步應用，未來疾病預測的準確性將得到更大提升，從而改善患者的生活質量和預後。

8-2-3 預防措施

疾病預測在健康與醫療領域中具有重要意義，旨在提前識別疾病風險，制定相應的預防措施，從而減少疾病的發生和發展。AI技術在疾病預測中的應用，如ChatGPT，有助於為醫療專業人員提供更精確的預測結果，並制定個性化的預防策略。以下是疾病預測中預防措施的幾個要點：

- **健康教育**：提供有關健康習慣、飲食和運動的建議，幫助患者改善生活方式，降低疾病風險。

- **定期篩查**：根據患者風險評估結果，建議適當的篩查檢查，以早期發現和治療疾病。

- **預防性藥物**：對於高風險患者，醫生可能建議使用特定的預防性藥物，以降低疾病發生的風險。

- **心理干預**：對於心理壓力可能導致疾病的情況，提供心理支持和治療，幫助患者緩解壓力，降低疾病風險。

- **疫苗接種**：根據患者風險評估結果，提供相應的疫苗接種建議，以預防特定疾病的發生。

疾病預測的目的在於提前識別疾病風險，從而制定有效的預防措施。AI 技術在此過程中的應用有助於提高預測結果的準確性，並為醫療專業人員提供更具針對性的預防策略。隨著醫療數據分析技術的不斷發展，未來疾病預測和預防將更加精確和有效，有望為患者帶來更好的生活品質和健康狀態。

8-2-4　醫療資源規劃

在健康與醫療領域，ChatGPT 有望在疾病預測方面發揮作用，並為醫療資源規劃提供寶貴支持。透過分析大量數據，AI 能夠更好地預測疾病風險和危機，從而幫助醫療機構進行更有針對性的資源規劃。

- **數據分析**：AI 分析患者的健康數據，包括年齡、性別、家族病史等多個因素，以評估疾病風險。

- **醫療需求預測**：AI 能夠根據地區、人口統計等因素預測醫療需求，協助醫療機構合理分配資源。

- **疫情監測**：利用大數據分析，AI 可有效預測流行病和傳染病的傳播趨勢，以便即時調整醫療資源。

- **醫療設施和設備規劃**：AI 可分析當地的病例數據和患者需求，協助決策者合理布局醫療設施和設備，以達到最佳效果。

透過利用 ChatGPT 等 AI 技術在疾病預測上的優勢，醫療資源規劃將更加科學和高效。這將有助於確保患者獲得即時和優質的醫療服務，同時減輕醫療機構的壓力，在未來我們有望看到 AI 技術在健康與醫療領域發揮越來越重要的作用。

第 9 章
創意產業 - 作家助手和藝術創作

創意產業正以前所未有的速度發展，隨著 AI 技術的進步，創作過程變得更加便捷和高效。作為這一變革的核心，ChatGPT 不僅在作家助手領域提供強大的支持，包括文字生成、編輯和優化等，同時也在藝術創作方面具有巨大潛力，如視覺藝術、音樂創作和電影劇本等。本章我們將深入探討 ChatGPT 在創意產業中的各種應用，展示其如何為創作者帶來革新性的創作體驗。

9-1 作家助手 - 文字生成與編輯

9-1-1　提供寫作靈感

在創意產業中，ChatGPT 作為作家助手在文字生成與編輯領域具有重要應用價值。對於作家來說，寫作靈感尤為重要，而 ChatGPT 正是一個能夠提供靈感的強大工具，能夠協助作家迅速構建故事情節，節省寫作時間，提高創作效率。

- **故事構思**：生成多種類型的故事構想，為作家提供豐富的創作素材。提供角色設定、場景描述和故事情節的建議，擴展作家的創意空間。

- **章節概述**：輔助作家規劃故事章節，確保故事結構完整、合理。提供章節間的銜接建議，使故事情節更加連貫。

- **文章開頭和結尾**：能夠生成吸引讀者注意的文章開頭，提高作品的吸引力。提供具有感染力的結尾，使作品留下深刻印象。

- **寫作風格和語言技巧**：根據作家的需求，提供不同風格和語言技巧的寫作建議。協助作家改進文筆，提高作品的文學價值。

● **校對和修改**：對作品進行拼寫、語法和風格的校對，提高文章質量。提供修改建議，幫助作家完善作品，使其更具表現力。

ChatGPT 作為作家助手在提供寫作靈感方面具有顯著的應用價值，它能夠為作家提供多元化的故事構思、章節概述、文章開頭和結尾以及寫作風格和語言技巧建議，同時還能協助作家進行校對和修改。借助 ChatGPT，作家將能夠更高效地完成優質作品，為讀者帶來更豐富、更引人入勝的閱讀體驗。

9-1-2　自動生成故事梗概

在創意產業中，ChatGPT 作為作家助手在文字生成與編輯領域的應用不僅限於提供寫作靈感，還能為作家提供自動生成故事梗概的功能。這對於快速構建故事骨架、節省創作時間具有顯著的價值。下面將詳細介紹 ChatGPT 在自動生成故事梗概方面的優勢。

● **快速構建故事骨架**：根據作家提供的關鍵詞或簡單描述，迅速生成故事梗概。助力作家在短時間內建立起完整的故事框架，提高創作效率。

● **多元化的故事題材**：無論是科幻、奇幻、愛情、懸疑等類型，ChatGPT 都能生成相應的故事梗概。讓作家能夠在多種題材中靈活選擇，提高創作靈活性。

● **人物角色與情節設定**：根據作家的需求，生成各種特徵的角色以及相應的情節設定。使作家能夠更深入地挖掘角色與情節，豐富故事內容。

- 模組與自定義:提供多種故事梗概模組,作家可根據需要進行選擇。支持作家自定義故事梗概,使其更符合個人風格與創作需求。

- 靈活調整與優化:在生成故事梗概的過程中,作家可以隨時對其進行調整與優化。能夠迅速應對作家創作過程中的變化,確保故事走向符合作家的意圖。

ChatGPT 作為作家助手在自動生成故事梗概方面具有顯著的應用價值,它能夠迅速構建故事骨架,生成多元化的故事題材,同時支持角色與情節設定,提供模組與自定義功能,並允許作家靈活調整與優化。

9-1-3 創建角色描述和背景設定

ChatGPT 在創意產業中的應用已經延伸到作家助手的多個方面,其中之一就是協助作家創建角色描述和背景設定。這一功能能夠幫助作家更輕鬆地構建完整且生動的故事世界,提高創作效率,以下將詳細展示 ChatGPT 在創建角色描述和背景設定方面的優勢。

- 生成獨特的角色特徵:ChatGPT 可以根據作家的需求生成各種角色特徵,例如外貌、性格、專長等。幫助作家快速構建生動、立體的角色形象。

- 設定角色關係:根據故事情節需求,生成角色之間的關係,如家庭、愛情、競爭等。豐富故事內容,使角色間的互動更具吸引力。

- 創建獨特的故事背景:能夠生成各種不同風格的故事背景,如現實世界、虛擬世界、奇幻世界等。使故事更具

沉浸感，讓讀者更容易投入其中。

- **劇情鋪陳與發展**：提供劇情鋪陳建議，協助作家設定故事高潮、轉折等重要元素。使故事結構更完整，保持讀者的閱讀興趣。

- **跨文化元素融合**：能夠結合多元文化背景，為角色和故事背景設定增加更多層次。讓作品更具國際化視野，擴大受眾群體。

ChatGPT 在創建角色描述和背景設定方面的應用具有很大的優勢，它能夠生成獨特的角色特徵，設定角色關係，創建獨特的故事背景，協助劇情鋪陳與發展，並融合跨文化元素。這些功能將有助於作家更高效地創作出引人入勝的故事。

9-2 作家助手－寫作風格和語言優化

9-2-1　根據作者需求調整寫作風格

作為創意產業中的作家助手，ChatGPT 具有強大的寫作風格和語言優化功能，能夠根據作者的需求靈活調整寫作風格。這對於提高作品的吸引力、滿足不同讀者群體的需求以及提升作者的創作靈感具有重要意義，以下將詳細介紹 ChatGPT 在寫作風格和語言優化方面的表現。

- **多種寫作風格支持**：能夠生成不同風格的文字，如敘事、描述、對話、抒情等。讓作品風格更加多元化，滿足作者和讀者的不同需求。

- 語言風格定制：根據作者的喜好和目標讀者群體，生成適當的語言風格，如正式、口語、幽默等。提高作品的吸引力，符合讀者的閱讀期望。

- 文字結構優化：分析作品的結構，提供合適的篇章劃分和段落調整建議。使作品結構更加清晰，方便讀者閱讀和理解。

- 語言表達豐富：提供詞彙、句型、修辭等方面的建議，豐富文字表達。提升作品的語言藝術性，增加讀者的閱讀體驗。

- 適時提供創作指導：在創作過程中，根據作者的需求提供寫作技巧和建議。使作者更加熟練地運用不同寫作風格，提高創作能力。

ChatGPT 作為作家助手，在寫作風格和語言優化方面具有顯著的應用價值。它可以根據作者的需求靈活調整寫作風格，支持多種寫作風格，定制語言風格，優化文字結構，豐富語言表達，並在創作過程中適時提供指導，這將有助於作家創作出更具吸引力和語言藝術性的作品，滿足讀者的需求。

9-2-2　增強語言表達和修辭手法

在創意產業中，作家助手如 ChatGPT 對寫作風格和語言優化具有顯著的應用價值，尤其是在增強語言表達和修辭手法方面，它可以幫助作者創作出更具語言藝術性和吸引力的作品，接下來將探討作家助手在這方面的具體應用。

- 詞彙建議：根據上下文提供適當的詞彙替換選擇，避免重複和單調，提升文字的表達力。

- 句型調整：提供不同句型結構的選擇，使文字更具多樣性，幫助作者更好地運用各種句型結構。

- 修辭手法運用：分析文字，適時建議使用比喻、擬人、排比等修辭手法，增強作品的語言藝術性和表達效果。

- 文字風格統一：確保整篇作品的語言風格一致，避免突兀，提高作品的整體觀感和讀者的閱讀體驗。

- 語言風格適應：根據目標讀者和作品主題，選擇合適的語言風格，使作品更符合讀者的期望和喜好。

作家助手如 ChatGPT 在寫作風格和語言優化方面具有巨大潛力，特別是在增強語言表達和修辭手法方面。透過詞彙建議、句型調整、修辭手法運用、文字風格統一和語言風格適應等方面的幫助，作者能夠創作出更具語言藝術性和吸引力的作品。在未來的創意產業發展中，作家助手將繼續發揮重要作用，為創作者提供更多的支持和靈感。

9-2-3　檢查語法和拼寫錯誤

創意產業中，語法和拼寫的準確性對於提高作品質量至關重要。作家助手如 ChatGPT 在寫作風格和語言優化方面不僅能幫助創作者提升語言表達，還能在檢查語法和拼寫錯誤方面發揮作用，以下將詳述作家助手在這一方面的具體應用。

- 即時語法檢查：在寫作過程中即時提示語法錯誤，幫助作者即時糾正錯誤，提高語言準確性。

- **拼寫檢查**：快速識別單詞拼寫錯誤，提供正確拼寫，避免不必要的錯誤。

- **標點符號使用**：根據語境給出合適的標點符號建議，保證文字的可讀性和語言流暢度。

- **一致性檢查**：確保時態、主謂一致等語法規則的遵循，提升作品的語言品質和專業度。

- **格式檢查**：提醒作者注意段落、引用和列表等格式問題，使作品更符合標準寫作格式，提高讀者的閱讀體驗。

透過以上要點，我們可以看出作家助手如 ChatGPT 在檢查語法和拼寫錯誤方面的優勢。它可以即時檢查語法，確保拼寫正確，指導標點符號使用，保持一致性，並提醒作者注意格式問題。這些功能有助於提升作品質量，使之更具專業度和可讀性。在未來，作家助手將在創意產業中發揮越來越重要的作用，幫助創作者提高作品的語言品質，進而提升整體創作水平。

9-3 作家助手 - 自動翻譯

9-3-1　幫助作者將作品翻譯成多種語言

在全球化的時代背景下，跨語言交流變得越來越重要。對於創意產業來說，作品的多語言翻譯能夠擴大受眾範圍，提高創作的國際影響力。作家助手如 ChatGPT 在自動翻譯方面能夠為作者提供寶貴的支持，將作品翻譯成多種語言。以下將介紹作家助手在自動翻譯方面的具體應用。

- **跨語言翻譯**：自動將作品翻譯成多種語言，提供全球讀者更多閱讀選擇。

- **語言資源整合**：利用大量語言資料庫和翻譯樣本，確保翻譯結果的準確性和自然度。

- **語境理解**：能夠理解語言背後的文化差異和語境，確保翻譯作品保留原作的精神和風格。

- **即時修訂**：透過用戶反饋對翻譯結果進行即時修訂，持續提升翻譯品質。

- **多種文體支持**：能夠應對不同文體的翻譯需求，跨領域創作的有效助手。

綜上所述，作家助手如 ChatGPT 在自動翻譯方面展示出強大的能力，它能夠將作品翻譯成多種語言，利用豐富的語言資源確保翻譯結果的準確性，並能夠充分理解語境，保留作品的原始風格。此外，透過即時修訂和多種文體支持，作家助手為作者提供了便利的翻譯工具。隨著技術的不斷發展，作家助手在創意產業中的應用將更加廣泛，為作者創作帶來更多機遇，進一步促進全球文化交流。

9-3-2　保持原文的風格和語境

在創意產業中，翻譯不僅僅是將一種語言轉換成另一種語言，還需要保持原文的風格和語境。作家助手如 ChatGPT 在自動翻譯方面的表現非常出色，能夠充分理解作品的風格和語境，確保翻譯結果既準確又自然，以下將探討作家助手在保持原文風格和語境方面的優勢。

- **言語風格保持**：能夠識別並遵循原文的寫作風格，確保翻譯結果與原文在風格上保持一致。

- **語境傳遞**：深入理解文化差異和語言特點，確保翻譯作品能夠忠實傳達原文的意境和情感。

- **人工智慧學習**：透過大量樣本和用戶反饋進行自我學習，持續改進翻譯品質，提高風格和語境的保持能力。

- **專業翻譯資源**：結合專業翻譯人員的知識和經驗，確保翻譯結果符合語言規範和文化習慣。

- **客製化服務**：根據作者需求提供定制化翻譯，滿足不同類型創作的風格和語境要求。

作家助手如 ChatGPT 在自動翻譯過程中能夠充分保持原文的風格和語境，透過識別原文風格、理解語境、自我學習、專業資源整合以及客製化服務，作家助手為創意產業的跨語言交流提供了強大支持。隨著人工智慧技術的不斷進步，作家助手將在保持原文風格和語境方面發揮更大的潛力，為全球創作帶來更多可能性，進一步促進文化交流與創新。

9-4 藝術創作 - 視覺藝術

9-4-1　生成具有特定風格的繪畫靈感

在當今創意產業中，人工智慧技術如 ChatGPT 進一步擴展了視覺藝術的範疇，透過生成具有特定風格的繪畫靈感，為藝術家提供了無限創意空間，下列將探討 ChatGPT 如何在視覺藝術領域激發藝術家的創造力。

- **風格學習**：深入研究不同的藝術風格和技法，能夠生成具有特定風格的繪畫靈感。

- **個性化創作**：根據藝術家的需求和喜好生成繪畫靈感，提供個性化的藝術創作方案。

- **無限創意組合**：結合現有藝術作品進行創意拼接和變形，生成獨特且富有創意的視覺作品。

- **創意共享**：促進藝術家之間的創意交流和合作，擴大視覺藝術的創意資源庫。

- **時間節省**：快速生成繪畫靈感，縮短創作周期，讓藝術家專注於創作本身，提高效率。

ChatGPT 在藝術創作領域具有廣泛的應用潛力，尤其是在生成具有特定風格的繪畫靈感方面。它能夠幫助藝術家突破創作瓶頸，開創新的藝術風格，同時節省時間並提高創作效率。在未來，我們有理由相信 ChatGPT 將繼續深化其在藝術領域的影響力，激發更多藝術創作的無限可能。

9-4-2 協助藝術家創建新的繪畫技法

在當今創意產業中，視覺藝術扮演著重要角色，隨著 AI 技術的發展，ChatGPT 已經開始幫助藝術家創建新的繪畫技法，從而提高他們的創作水平。以下是 ChatGPT 在協助藝術家創建新繪畫技法方面的主要應用：

- **風格融合**：透過分析多種藝術風格，ChatGPT 能夠生成具有獨特風格的藝術作品，讓藝術家在創作過程中靈感迸發。

- **創意擴展**：透過理解藝術家的構思，ChatGPT 可以在現有概念的基礎上生成一系列具有創意的繪畫方案，供藝術家選擇和參考。

- **技法建議**：根據藝術家的需求和喜好，ChatGPT 能夠提供具體的繪畫技法建議，幫助藝術家嘗試新的繪畫方式和技巧。

- **過程優化**：ChatGPT 可以分析藝術家在創作過程中遇到的問題，為他們提供合適的解決方案，從而提高創作效率。

- **學習資源**：藉助 ChatGPT，藝術家可以獲得有關各種繪畫技法的資訊和教程，幫助他們不斷提高自己的技能。

ChatGPT 在視覺藝術領域的應用為藝術家提供了強大的創作支持，這些工具不僅能夠協助藝術家創建新的繪畫技法，還能夠激發他們的創造力，提高創作效率。隨著 AI 技術的進一步發展，我們可以期待在未來的藝術創作中，將有更多令人驚嘆的作品問世。

9-4-3　提供藝術評論和建議

在創意產業中，對藝術作品的評論和建議對於藝術家的成長至關重要，隨著 AI 技術的不斷發展，ChatGPT 已開始在視覺藝術領域提供藝術評論和建議，協助藝術家改進作品並提高創作水平，以下是 ChatGPT 在提供藝術評論和建議方面的主要應用：

- **分析作品特點**：ChatGPT 能夠對藝術作品的風格、技巧、色彩等進行深入分析，幫助藝術家瞭解自己作品的優點和不足。

- **提供客觀評價**：透過對大量藝術作品的比較和分析，ChatGPT 能夠給出客觀的評價，讓藝術家瞭解自己作品在同類作品中的定位。

- **建議改進方向**：根據對作品的分析，ChatGPT 可以提供具體的改進建議，指引藝術家在創作過程中進行調整和優化。

- **藝術趨勢分析**：ChatGPT 可以識別當前藝術市場的熱門趨勢，幫助藝術家把握市場動向，創作出更具市場價值的作品。

- **模擬觀眾反饋**：透過模擬不同觀眾對作品的反應，ChatGPT 可以提供多元化的評論和建議，讓藝術家從多角度了解作品的接受程度。

ChatGPT 在視覺藝術領域提供的藝術評論和建議為藝術家的創作提供了寶貴的指導，這些功能不僅有助於提高藝術家的創作水平，還有助於他們更好地把握市場趨勢，創作出更具吸引力和價值的作品。隨著 AI 技術在藝術領域的應用越來越廣泛，我們有理由相信未來的藝術創作將更加多元化和精彩。

9-5 藝術創作 - 音樂創作

9-5-1 生成旋律和節奏靈感

在音樂創作領域，AI 技術已成為藝術家們在創作過程中的得力助手，特別是在生成旋律和節奏方面，ChatGPT 展示出其巨大潛力。透過對音樂風格和結構的深入分析，ChatGPT 能夠為音樂

家提供豐富的旋律和節奏靈感，幫助他們創作出獨具特色的音樂作品，以下是 ChatGPT 在音樂創作中生成旋律和節奏靈感方面的主要應用：

- **學習音樂風格**：ChatGPT 能夠分析和學習各種音樂風格，從而為音樂家提供與指定風格相符的旋律和節奏靈感。

- **創建獨特旋律**：根據音樂家的需求，ChatGPT 可以生成獨特且具有吸引力的旋律，激發音樂家的創作激情。

- **提供節奏建議**：ChatGPT 能夠分析音樂家的作品，為其提供節奏改進建議，協助音樂家創作出更具節奏感的作品。

- **模擬樂器聲音**：ChatGPT 可以根據音樂家的需求，模擬不同樂器的聲音，幫助他們更好地安排樂器部分。

- **協同創作**：ChatGPT 可以與音樂家進行協同創作，提供旋律和節奏建議，使音樂作品更加豐富多元。

ChatGPT 在音樂創作中生成旋律和節奏靈感的能力為音樂家提供了更多創作可能性。透過 AI 技術的協助，音樂家可以更快地構思出新的音樂元素，並將其融入到作品中，使音樂創作更具創意和活力。隨著 AI 在音樂創作領域的應用不斷擴展，未來的音樂作品將更加多元化和精彩。

9-5-2　協助創作歌詞和歌曲結構

隨著 AI 技術在創意產業的不斷發展，ChatGPT 已經在音樂創作領域取得了顯著成果。除了旋律和節奏方面的應用，ChatGPT 還可以協助音樂家創作歌詞和歌曲結構，為他們的音樂

作品增添更多創意元素，以下是 ChatGPT 在歌詞創作和歌曲結構方面的主要應用：

- **生成歌詞靈感**：根據音樂家的需求和風格，ChatGPT 可以生成具有特定主題和風格的歌詞靈感，幫助音樂家更快地創作出富有情感和深度的歌詞。

- **優化歌曲結構**：ChatGPT 可以分析現有的歌曲結構，為音樂家提供合適的修改建議，以達到更好的節奏和旋律平衡。

- **自動填詞**：ChatGPT 可以根據已有的歌曲旋律，生成符合歌曲主題和風格的歌詞，減少音樂家在填詞方面的困難。

- **提供韻腳建議**：ChatGPT 可以分析歌詞中的韻腳，為音樂家提供更多韻腳選擇，使歌詞更具語言美感。

- **多語言歌詞創作**：ChatGPT 可以協助音樂家將歌詞翻譯成多種語言，擴大音樂作品的受眾範圍。

ChatGPT 在歌詞創作和歌曲結構方面的應用為音樂家提供了強大的支持。透過這些功能，音樂家可以更有效地創作出具有深度和情感的歌詞，同時創意轉化為具體的作品。

9-5-3　提供音樂理論建議和指導

音樂創作對於許多音樂家來說是一個令人著迷的過程，然而，隨著技術的發展，AI 技術如 ChatGPT 已經可以在音樂創作中發揮重要作用，特別是在提供音樂理論建議和指導方面。下列，我們將探討 ChatGPT 在音樂創作過程中如何提供音樂理論建議和指導。

- 識別和解決音樂理論問題：ChatGPT 可以幫助音樂家理解和應用音樂理論，例如和聲學、節奏和旋律結構。

- 音樂風格和流派指導：ChatGPT 可以根據不同的音樂風格和流派提供相應的音樂理論建議，幫助音樂家創作出更符合特定風格的作品。

- 創新和實驗：ChatGPT 可以根據音樂家的需求，提供新穎的音樂理論概念和創作方法，激發創作靈感。

- 協作和學習：音樂家可以透過與 ChatGPT 的互動來學習音樂理論，並在創作過程中獲得即時的反饋和建議。

ChatGPT 在音樂創作領域具有巨大潛力，特別是在提供音樂理論建議和指導方面。它可以幫助音樂家深入理解音樂理論，應用到創作過程中，並在風格和流派方面提供專業建議。透過與 ChatGPT 的互動，音樂家可以在創作過程中獲得靈感和即時反饋，促使他們創作出更加精彩的作品。

9-6　藝術創作 - 電影和劇本創作

9-6-1　生成劇情概念和角色設定

電影和劇本創作對於編劇和導演來說是一個充滿挑戰的過程，然而隨著 AI 技術的發展，如 ChatGPT 已經在電影和劇本創作領域展現出巨大的潛力，下列將探討 ChatGPT 如何在生成劇情概念和角色設定方面協助電影和劇本創作。

- 創意激發：ChatGPT 可以根據用戶的需求和興趣生成各種劇情概念，為編劇提供靈感。

- **角色設定**：ChatGPT 可以自動生成角色背景、性格特點等描述，幫助編劇為故事創建豐富多彩的角色。

- **故事結構**：ChatGPT 可以提供劇情結構建議，協助編劇構建合理的故事發展脈絡。

- **題材多樣性**：ChatGPT 可以根據不同的題材和風格生成相應的劇情概念，滿足編劇在各種類型的創作需求。

ChatGPT 在電影和劇本創作中發揮著重要作用，尤其是在生成劇情概念和角色設定方面。它可以為編劇提供靈感，協助創建引人入勝的故事和多樣化的角色。此外，ChatGPT 能夠根據不同題材和風格提供劇情概念，為編劇帶來更多創作可能性。在未來，AI 技術將繼續改變電影和劇本創作領域，成為創作過程中不可或缺的助手。

9-6-2　協助編寫和修改劇本

在創意產業中，電影和劇本創作是一項充滿挑戰的工作，編劇需要長時間構思、編寫和修改劇本，以求將故事呈現得最完美。而現今，AI 技術如 ChatGPT 已經顯著地改變了這一過程，使得編劇在編寫和修改劇本時可以得到更多的幫助。

- **文字生成**：ChatGPT 可以協助編劇生成劇本文字，根據編劇的需求和指示來創建對話和場景描述。

- **寫作風格調整**：ChatGPT 可以根據編劇的要求調整寫作風格，使劇本更符合特定風格和語境。

- **故事線修改**：ChatGPT 能夠分析劇本中的故事線，並根據編劇的意圖提供修改建議，使故事更具吸引力和邏輯性。

- **語言優化**：ChatGPT 可以對劇本進行語言表達和修辭手法的優化，提高劇本的文學價值和可讀性。

- **校對功能**：ChatGPT 可以對劇本進行語法和拼寫檢查，確保劇本的質量和專業性。

AI 技術在電影和劇本創作領域具有重要的應用價值，尤其是在協助編寫和修改劇本方面。ChatGPT 可以幫助編劇生成劇本文字、調整寫作風格、優化故事線和語言表達，同時確保劇本的質量和專業性。未來隨著 AI 技術的不斷進步，相信它將為電影和劇本創作帶來更多的革新和可能性。

9-6-3　提供導演和製片人建議

在創意產業中，電影和劇本創作的成功除了與編劇的努力密切相關，還需要導演和製片人的精心策劃和運作。隨著 AI 技術的發展，ChatGPT 等智慧助手逐漸成為電影製作領域中不可或缺的一員，對導演和製片人提供了寶貴的建議。

- **分析觀眾喜好**：ChatGPT 可以分析大量數據，瞭解觀眾的喜好，從而為導演和製片人提供有針對性的建議，以制定更有效的市場策略。

- **選角建議**：ChatGPT 能夠分析角色特點，並根據演員的風格和特點提供選角建議，以確保角色的演繹更貼近原著。

- **場景布局與視覺效果**：ChatGPT 可以提供場景布局，以及場景布局方面的建議，幫助導演實現其想法，提高電影的觀賞價值。

- **拍攝技巧和風格**：ChatGPT 能分析膾炙人口的電影作品，並根據分析結果為導演提供拍攝技巧和風格方面的建議。

- **預算分析**：ChatGPT 可以根據電影項目的需求和目標，協助製片人制定預算分配方案，以確保電影製作的成本效益。

總之 AI 技術在電影和劇本創作中的應用不僅限於協助編劇，還能為導演和製片人提供實用的建議。ChatGPT 能夠針對觀眾喜好、選角、場景布局、拍攝技巧和風格、預算分析等方面提供建議，讓電影製作過程更加順暢和高效。隨著 AI 技術不斷發展，相信它將在電影和劇本創作領域發揮越來越重要的作用。

第 10 章

社交媒體和遊戲 - 虛擬社交互動和遊戲角色

社交媒體和遊戲已經成為人們生活中不可或缺的一部分。本章將深入探討 AI 技術如 ChatGPT 如何在虛擬社交互動和遊戲角色方面產生革命性的變革。我們將了解 AI 在這些領域的應用場景、挑戰與機遇，並探討如何平衡虛擬世界與現實世界的關係。讓我們共同探索未來社交媒體和遊戲的可能性！

10-1　虛擬社交互動

10-1-1　ChatGPT 在社交平台的對話功能

在當今數字時代，社交平台已成為人們交流互動的重要工具。ChatGPT 作為一種先進的 AI 技術，正在改變虛擬社交互動的方式。本篇將探討 ChatGPT 在社交平台對話功能上的應用及其影響。

- **聊天機器人**：ChatGPT 可以作為智慧聊天機器人，自動回應用戶的訊息，提供即時客服支持，解決用戶問題，降低企業客服負擔。

- **個性化推薦**：對於用戶對話內容，ChatGPT 可以分析用戶喜好，為用戶提供個性化的內容推薦，提高用戶體驗。

- **跨語言交流**：ChatGPT 具有多語言理解和翻譯能力，可以幫助不同語言背景的用戶進行無障礙交流。

- **情感分析**：對用戶對話內容的情感分析，ChatGPT 可以識別用戶情緒，為用戶提供更適切的回應和支持。

ChatGPT 在社交平台的對話功能方面具有巨大潛力，它可以提供智慧客服、個性化推薦、跨語言交流和情感分析等多種功能，

大大提高用戶在社交平台上的交流體驗。然而，我們應該意識到 AI 技術可能帶來的隱私和安全問題，並在創新的同時確保用戶資訊的安全。

10-1-2　虛擬助手與個性化服務

隨著科技的發展，虛擬助手與個性化服務已經成為社交媒體和遊戲中重要的互動元素。本文將探討這些新型虛擬社交互動方式以及它們如何影響用戶體驗。

- 虛擬助手：這些智慧助手可以回應用戶問題、提供有趣的互動，以及協助用戶完成特定任務。例如，Siri、Google 助手和 Alexa 等。

- 個性化服務：針對用戶喜好和行為數據，提供定制化的內容和體驗。例如，個性化的新聞推薦、音樂播放列表等。

- 社交媒體上的 AI 技術：透過機器學習算法，識別用戶興趣，生成個性化的社交內容推薦，提高用戶互動。

- 遊戲中的虛擬角色：AI 生成的虛擬角色，可以與玩家進行更自然的互動，提供更沉浸式的遊戲體驗。

虛擬助手與個性化服務在社交媒體和遊戲中的應用，為用戶提供了更加豐富的互動體驗。然而，這些技術也引發了數據隱私和安全方面的擔憂。總結來說，虛擬助手與個性化服務已經成為社交媒體和遊戲領域的一個重要趨勢，未來將繼續拓展其應用範疇。在享受便利的同時，我們應關注隱私保護和數據安全，確保用戶在互動過程中的資訊安全。

10-2 遊戲角色

10-2-1 非玩家角色（NPC）的智慧化

隨著遊戲產業的快速發展，非玩家角色（NPC）在遊戲中的作用愈發重要。本文將探討 NPC 的智慧化趨勢，以及它如何改變玩家的遊戲體驗。

- **AI 驅動的 NPC**：使用 AI 技術使 NPC 具有更高的智慧，根據玩家行為自主做出決策，提高遊戲互動性。

- **自然語言處理（NLP）**：NLP 技術，使 NPC 能夠理解玩家的語言輸入，進行更自然的對話互動。

- **情感識別**：AI 可以分析玩家的語言和行為，讓 NPC 根據玩家的情緒做出相應反應，提高遊戲沉浸感。

- **深度學習技術**：利用深度學習使 NPC 能夠自主學習，提高其適應能力，使遊戲更具挑戰性和可玩性。

智慧化的 NPC 為遊戲玩家帶來了更加豐富的遊戲體驗，使遊戲角色更具生命力。然而，NPC 的智慧化也可能引發一些道德和心理問題，例如玩家對虛擬角色過度依賴和沉迷等。總之，NPC 的智慧化將繼續推動遊戲產業的發展，帶來更多創新的遊戲體驗。在享受智慧化 NPC 帶來的便利的同時，我們應關注其可能帶來的問題，以確保玩家在遊戲中獲得健康、平衡的娛樂體驗。

10-2-2　遊戲設計與創意發展

在遊戲產業迅速發展的當下，遊戲設計和創意發展已成為遊戲成功的關鍵因素，下列將說明遊戲設計與創意發展的重要性，以及它如何影響遊戲的吸引力和玩家體驗。

- **故事情節**：遊戲的故事情節是激發玩家興趣的基石，吸引力十足的故事能讓玩家沉浸在遊戲世界中，並帶動遊戲內容的發展。

- **美術設計**：獨特且高品質的美術設計能營造出引人入勝的遊戲氛圍，提升遊戲視覺享受，增強玩家的遊戲體驗。

- **遊戲機制**：創新的遊戲機制能吸引更多玩家嘗試，並讓遊戲保持新鮮感。遊戲機制應具有易學性、可玩性和挑戰性，以滿足不同玩家的需求。

- **社交功能**：遊戲中的社交功能可以讓玩家與他人互動，建立社群，從而提高遊戲的黏著度和口碑傳播。

- **持續更新**：定期更新遊戲內容和功能，不僅能保持遊戲的新鮮感，還能滿足玩家不斷變化的需求，提高遊戲的生命力。

遊戲設計與創意發展對於遊戲產業具有重要意義，出色的遊戲設計可以創造獨特的遊戲體驗，吸引玩家並促使他們保持長期的忠誠度。然而，在競爭激烈的遊戲市場中，持續創新和維持遊戲品質是遊戲公司面臨的挑戰。因此，遊戲公司應該不斷尋求創新，並將遊戲設計與創意發展作為產品競爭力的核心，以贏得市場份額和玩家的青睞。

10-3　挑戰與機遇

10-3-1　處理不當內容與保護用戶隱私

隨著社交媒體和遊戲行業的蓬勃發展，用戶數量和互動程度不斷攀升，然而這也帶來了一些挑戰，尤其是在處理不當內容和保護用戶隱私方面，下列將探討這些挑戰及應對方法，以確保用戶能夠安全地享受虛擬世界的樂趣。

- **監控不當內容**：網絡暴力、色情、仇恨言論等不當內容可能對用戶造成嚴重心理傷害。平台應該建立有效的內容審核機制，包括人工審核和 AI 技術相結合，即時發現和移除這些內容。

- **保護用戶隱私**：保護用戶的個人資訊和隱私至關重要。平台需確保數據加密和安全儲存，並制定清晰的隱私政策，讓用戶了解自己的數據如何被使用和保護。

- **用戶舉報機制**：提供便捷的用戶舉報機制，讓用戶能夠報告違規行為，平台能夠迅速處理並採取相應措施。

- **教育用戶**：宣傳和教育，提高用戶對網絡安全和隱私保護的意識，幫助用戶學會識別和應對風險。

- **立法監管**：政府和監管機構應建立完善的法律法規，對社交媒體和遊戲行業進行規範，確保平台承擔起相應的社會責任。

社交媒體和遊戲行業在面對不當內容和用戶隱私保護方面的挑戰時，需採取多管齊下的策略，將技術創新與法律監管相結合。只有嚴格的監管和有效的用戶保護措施，行業才能繼續健康

發展，為用戶帶來更美好的虛擬世界體驗。

10-3-2 保持用戶社交互動的真實性與價值

　　社交媒體和遊戲行業不僅帶來了便利與娛樂，還有助於用戶在虛擬世界中建立真實的人際關係，然而在保持社交互動真實性和價值方面，這些平台面臨著一些挑戰，以下將探討如何確保用戶在虛擬世界中的社交互動充滿真實性和價值。

- 人性化的互動設計：平台應該提供自然、直觀的互動方式，讓用戶能夠更好地表達自己的情感和意願，並與他人建立真實的聯繫。

- 鼓勵真實表達：為避免虛擬世界中的偽善和虛假表現，平台需要創造一個安全的環境，鼓勵用戶真實地展示自己的想法、感受和興趣。

- 防止機器人和虛假帳號：平台需建立有效的機制，識別和封禁機器人和虛假帳號，以保證用戶之間的互動真實可靠。

- 社群經營與管理：建立健康的社群文化，鼓勵用戶積極參與和分享，並在必要時對不良行為進行干預和管理，以確保社群的和諧和正向發展。

　　高質量內容推薦：優化推薦算法，提供與用戶需求和興趣相匹配的高質量內容，提升社交互動的價值。

　　社交媒體和遊戲行業需要積極應對保持用戶社交互動真實性和價值的挑戰，創新互動設計、營造安全環境、防止機器人滲透、加強社群管理等方式，為用戶提供一個充滿真實感和價值的虛擬社交空間。

10-3-3　虛擬世界與現實世界的平衡

　　社交媒體和遊戲在帶給人們娛樂和便利的同時，也讓虛擬世界與現實世界之間的界限變得模糊，如何在兩者之間找到平衡以確保人們在現實生活中保持良好的身心健康，是當前社會面臨的一個重要挑戰，以下將探討在虛擬世界與現實世界間取得平衡的方法和機遇。

- **提倡適度使用**：教育用戶合理安排時間，避免沉迷於社交媒體和遊戲，以免影響日常生活和工作。

- **身心健康關注**：平台應提供相關的身心健康資訊和建議，協助用戶維護良好的生活品質。

- **現實社交的重要性**：鼓勵用戶積極參與現實中的社交活動，強化人際關係，並避免過度依賴虛擬互動。

- **跨界合作**：社交媒體和遊戲平台可與現實世界的企業和機構合作，舉辦各類活動，促使用戶在現實生活中也能體驗到虛擬世界的樂趣。

- **技術創新**：利用先進技術，如擴增現實（AR）和虛擬現實（VR），將虛擬世界與現實世界融合，為用戶創造更多元的互動體驗。

　　虛擬世界與現實世界之間的平衡至關重要，社交媒體和遊戲平台應積極採取措施，如提倡適度使用、關注用戶身心健康、強調現實社交的重要性等，幫助用戶在享受虛擬世界帶來的便利和樂趣的同時，保持與現實世界的聯繫和平衡。

10-4 結論

10-4-1　ChatGPT 在社交媒體和遊戲領域的潛力

　　在過去的幾年裡，人工智慧技術在社交媒體和遊戲領域取得了顯著的突破，ChatGPT 作為一款具有強大語言生成能力的 AI 技術，在這一領域具有巨大的潛力，下列將總結 ChatGPT 在社交媒體和遊戲領域的應用前景和挑戰。

- **語言交流**：ChatGPT 可以作為虛擬助手，提供即時的多語言翻譯，幫助用戶克服語言障礙，進行跨國交流。

- **社交互動**：智慧對話，ChatGPT 能在社交平台上提供個性化的用戶互動，滿足用戶在社交媒體上的需求。

- **遊戲體驗**：ChatGPT 可為遊戲提供智慧化的非玩家角色（NPC），使遊戲內容更加豐富，提高玩家的沉浸感。

- **創意發展**：利用 ChatGPT 的語言生成能力，遊戲開發者可以創建更多有趣的劇情和角色，推動遊戲產業的創新。

　　然而 ChatGPT 在社交媒體和遊戲領域的應用同時也面臨下列挑戰：

- **隱私保護**：保護用戶隱私和數據安全，避免機器學習過程中不當資訊的泄露。

- **內容審核**：確保 ChatGPT 生成的內容遵循道德和法律規定，避免不當言論的傳播。

- **社交真實性**：如何維護用戶在社交互動中的真實性和價值，避免過度依賴虛擬互動。

　　ChatGPT 在社交媒體和遊戲領域具有廣泛的應用前景和潛力。然而，要充分發揮其潛力，我們需要正確應對相關挑戰，並確保其在遵循法律、道德和社會責任的前提下為用戶提供更好的體驗。

10-4-2　面對挑戰與機遇的展望

　　在當今時代，社交媒體和遊戲領域正在經歷前所未有的變革，新興的人工智慧技術，例如：ChatGPT，為這一領域帶來了重要的創新和機遇。然而隨著技術的快速發展，我們也需要面對挑戰並在應對挑戰的過程中找到機遇，下列我們將展望面對這些挑戰和機遇時的前景。

- **數據安全與隱私**：為確保用戶數據安全和隱私，我們需要建立更嚴格的法律和監管機制，並持續改進技術和算法。

- **內容監管**：運用 AI 技術進行有效的內容審核，打擊不當言論和虛假消息，營造健康的網絡環境。

- **用戶體驗**：在提供高度智慧化的虛擬互動的同時，保持用戶社交互動的真實性，提升用戶體驗。

- **技術創新**：不斷研究和開發新的技術，以滿足社交媒體和遊戲行業日益多元化的需求。

- **教育與培訓**：加強對公眾的科技素養教育，提高用戶對 AI 技術的理解和運用能力。

　　社交媒體和遊戲領域在未來將繼續面臨挑戰與機遇，透過不斷改進技術、加強法律監管、提升用戶體驗、持續創新以及加強教育與培訓，我們將能克服挑戰，把握機遇，推動這一領域的健康發展。只有在技術、政策與教育等多方面共同努力下，我們才能真正實現社交媒體和遊戲領域的可持續發展。

10-4-3　認識到 AI 技術對社會和個人生活的影響

　　隨著人工智慧技術的迅速發展，越來越多的領域受到了其影響，特別是社交媒體和遊戲。AI 技術在這些領域中的應用正在不斷深化，對社會和個人生活帶來了重大變革，然而我們必須意識到這些變革所帶來的影響，並尋求應對方法，以下是一些要點：

- 社會層面：AI 技術改變了人們在社交媒體上的互動方式，使得資訊傳播更加迅速，但也可能帶來虛假訊息和不當內容的擴散。

- 心理健康：虛擬世界和現實世界的界限變得越來越模糊，可能對個人的心理健康產生影響，如成癮、社交焦慮等問題。

- 隱私保護：AI 技術在分析用戶數據以提供個性化服務時，需要充分重視用戶隱私的保護，避免數據泄露和濫用。

- 職業發展：AI 技術在遊戲設計和開發中的應用，對職業發展提出了新的要求，需要專業人士不斷更新知識和技能。

- 教育與公眾參與：提高公眾對 AI 技術的認識，讓更多人參與到相關政策和法律制定中，共同推動技術的發展。

　　AI 技術已經對社交媒體和遊戲領域產生了深遠的影響，我們需要正視這些影響，並在應對挑戰的過程中找到機遇。加強教育、提高公眾參與、保護用戶隱私、關注心理健康以及鼓勵專業發展，我們將能夠充分利用 AI 技術為社會和個人生活帶來更多的便利與價值，共同創造美好未來。

第三篇

社交媒體和遊戲 - 虛擬社交
互動和遊戲角色

第 11 章

機器學習與道德倫理 - 數據隱私和偏見消除

這一章將探討機器學習技術在當今社會中的道德和倫理挑戰。從數據隱私、偏見檢測，到全球公平問題等多個方面，我們將深入了解如何確保 AI 的負責任使用，以實現更公平、透明且包容的未來。讓我們攜手探索這個前沿領域，共同學習如何充分發揮機器學習的潛力，同時應對其帶來的道德和倫理挑戰。

11-1　數據隱私與保護

11-1-1　隱私權的重要性

ChatGPT 協助用戶了解「隱私權的重要性」，透過分析隱私權在機器學習中的作用以及保護隱私的挑戰，使用戶能夠認識到保護個人隱私的必要性。

- 隱私權的含義：隱私權是指個人控制自己的個人資訊和數據的能力，以確保其不被未經授權的第三方收集、使用或分享。

- 機器學習中的隱私權挑戰：機器學習算法通常需要大量數據進行訓練，這可能涉及到用戶的個人數據。如果未經適當保護，這些數據可能被不當利用或洩露。

- 隱私權與個人自主：保護隱私權有助於確保個人在資訊社會中的自主性，使其能夠自由地表達觀點、參與網絡互動，並有權選擇是否分享個人資訊。

- 隱私權與安全：尊重並保護隱私權有助於防止身份盜竊、網絡犯罪和其他安全威脅，維護個人和社會的安全。

- 法律法規與政策：各國和地區已經制定了不同程度的隱

私保護法律和政策，旨在保護個人隱私權並監管企業和機構的數據收集與使用行為。

透過 ChatGPT 的協助，用戶可以更深入地了解隱私權在機器學習中的重要性，並學會在開發和應用 AI 技術時如何遵循相關法律法規，確保尊重和保護個人隱私。

11-1-2　機器學習中的數據保護措施

ChatGPT 在協助「機器學習中的數據保護措施」方面，提供了關於如何在機器學習過程中確保數據安全和隱私保護的寶貴見解。在應對數據泄露和濫用風險的過程中，以下幾點顯得尤為重要。

- 數據最小化：僅收集應用所需的最少數據，以減少數據洩露的可能性。

- 加密技術：對數據進行加密，使其在傳輸和儲存過程中免受未經授權的訪問。

- 差分隱私：透過在數據集中添加噪聲，保護個人隱私，同時允許機器學習模型從匿名數據中獲取有用資訊。

- 聯邦學習：透過將模型訓練分散到多個數據擁有者，從而在不共享原始數據的情況下進行模型訓練。

- 用戶控制：確保用戶能夠控制自己的數據，例如，允許他們設定數據共享和儲存偏好。

- 法規遵循：遵守數據保護和隱私相關的法律法規，如歐盟的《一般數據保護條例》（GDPR, General Data Protection Regulation）。

- **透明度與審計**：對機器學習系統進行定期審計，以評估其數據保護政策和實踐的有效性。

透過這些措施，ChatGPT 有助於在機器學習領域建立道德和保護隱私的標準。這種方法鼓勵企業、開發者和研究人員在使用機器學習技術時始終保持警惕，並強調了在創新發展與數據保護之間取得平衡的重要性。

11-1-3　法律法規與政策

ChatGPT 在協助「法律法規與政策」方面，提供了機器學習技術在全球範圍內所面臨的法律法規和政策挑戰的深入分析。在這一過程中，以下幾個方面尤為關鍵：

- **數據隱私保護**：根據地區和國家不同，法律法規對數據隱私保護的要求各異。例如，歐盟的《一般數據保護條例》（GDPR）和美國的《加州消費者隱私法》（CCPA, California Consumer Privacy Act）等。

- **遵循道德規範**：在機器學習模型設計和實施過程中，需要遵循道德規範，確保模型不會對特定群體產生不公平的影響或損害他們的利益。

- **知識產權**：在使用機器學習技術時，需尊重他人的知識產權，例如，合理使用數據集、算法和相關技術。

- **機器學習偏見與歧視**：應遵守反歧視法律，確保機器學習系統不會加劇社會不平等或對特定群體造成不利影響。

- 安全與可靠性：在設計和部署機器學習系統時，需遵守相關法規，確保系統安全可靠，避免對用戶和社會帶來風險。

- 負責任的創新：在遵循法律法規的基礎上，鼓勵創新，以實現機器學習技術在各領域的積極應用。

- 國際合作與政策協調：在全球范圍內開展合作，建立共同的機器學習道德倫理和法規標準，以促進技術發展和應用的全球一致性。

ChatGPT 能幫助用戶了解機器學習領域的法律法規和政策挑戰，提醒企業、研究人員和開發者在開發和應用機器學習技術時遵循相關規定，以確保技術的合法性和道德性。

11-2 AI 偏見與歧視問題

11-2-1　訓練數據中的隱性偏見

ChatGPT 在協助「訓練數據中的隱性偏見」方面，提供了對機器學習模型在訓練數據中可能出現的隱性偏見的深入分析。隱性偏見是指由於訓練數據不均衡、選擇性偏差或歷史歧視等因素引起的潛在歧視，下列是 ChatGPT 在這方面的幫助：

- 偏見辨識：協助用戶了解機器學習模型可能存在的隱性偏見類型，如代表性不足、樣本選擇偏差等，並分析這些偏見如何影響模型的預測和決策。

- 偏見來源：幫助用戶探究隱性偏見的成因，例如歷史歧視、文化差異、數據不均衡等，並瞭解這些因素如何影響模型的性能和公平性。

- 偏見檢測：指導用戶如何在機器學習流程中運用各種度量標準和方法來檢測和評估隱性偏見，從而確保模型的公平性和無歧視性。

- 偏見緩解策略：提供針對隱性偏見的緩解策略和技巧，包括重新取樣、權重調整、對抗性訓練等，以減少模型的不公平現象。

- 確保模型公平性：鼓勵用戶在機器學習模型開發過程中注重公平性，以實現對所有用戶和群體的公平對待。

- 道德倫理意識：強調機器學習模型的道德倫理責任，提醒開發者在設計、實現和應用模型時充分考慮公平性、透明度和可解釋性等因素。

透過以上幫助，ChatGPT 有助於用戶更好地理解和應對訓練數據中的隱性偏見，確保機器學習模型在多樣化應用場景中的公平性和無歧視性。

11-2-2　偏見對機器學習結果的影響

ChatGPT 在協助「偏見對機器學習結果的影響」方面，提供了對機器學習模型中的偏見對結果產生影響的詳細分析。在這方面，ChatGPT 專注於以下幾個重要議題：

- 偏見對預測準確性的影響：偏見可能導致機器學習模型對某些群體的預測結果不準確，進而影響到整體性能。

- 機器學習中的不公平現象：由於訓練數據中的偏見，機器學習模型可能對特定群體產生不利影響，進一步加劇社會不平等。

- **誤導性決策**：偏見可能導致機器學習模型因為錯誤的資訊，做出不正確的決策，從而產生不良後果。

- **法律法規風險**：機器學習模型可能因為訓練數據中的偏見而違反反歧視法律，給企業帶來法律風險。

- **信任與道德風險**：偏見會降低用戶對機器學習模型的信任度，對企業的聲譽和道德形象造成損害。

- **長期影響**：機器學習模型中的偏見可能在長期內影響社會結構和價值觀，對未來的公平和正義造成隱患。

使用以上分析，ChatGPT 有助於用戶更好地認識和理解偏見對機器學習結果的潛在影響。同時，ChatGPT 也提供相應的策略和建議，協助用戶在開發和部署機器學習模型時充分考慮公平性、無歧視性和道德倫理，以達到更好的應用效果。

11-2-3　AI 歧視案例與後果

ChatGPT 協助「AI 歧視案例與後果」方面，提供了對一些典型 AI 歧視案例及其產生的後果的分析。透過這些案例，用戶可以深刻了解機器學習中的偏見和歧視問題以及其對社會的影響，下列是一些主要的案例和後果：

- **人臉識別技術**：部分人臉識別系統在識別少數族裔、婦女或年長者時存在偏差，導致該技術在執法、安保等領域應用時可能出現不公平對待。

- **招聘與人事決策**：某些 AI 招聘系統因訓練數據中的性別或種族偏見，可能對求職者產生歧視性的評估結果，影響其職業發展。

- **金融產品和服務**：以機器學習為基礎的風險評估模型可能由於訓練數據中的偏見，對特定群體的信貸評估結果產生不公平影響，限制其獲得金融服務的機會。

- **廣告定向**：AI 驅動的廣告投放系統有時會根據用戶的年齡、性別或種族等特徵投放不同的廣告，可能導致某些群體無法獲得相關的產品或服務資訊。

透過這些案例分析，ChatGPT 揭示了 AI 歧視的存在及其對個人和社會造成的潛在後果。同時，ChatGPT 也會提供相應的建議和策略，幫助用戶在開發和應用機器學習模型時避免歧視現象，確保 AI 技術的公平、無歧視性和道德合規性。

11-3　偏見檢測與消除

11-3-1　偏見檢測方法

ChatGPT 協助用戶了解「偏見檢測方法」，幫助用戶認識到在機器學習過程中，識別和消除偏見的重要性，下列簡述了一些檢測偏見的方法：

- **數據審查**：在訓練機器學習模型之前，對數據進行全面審查以確保其代表性。消除潛在偏見的有效途徑是確保數據集具有多元化的樣本，並且不會偏向某一特定群體。

- **公平性指標**：使用公平性指標衡量算法的結果，確保對不同群體的影響相對平衡。常用的公平性指標包括平均絕對誤差（MAE）、準確率差異（accuracy disparity）等。

- **可解釋性**：提高機器學習模型的可解釋性，讓人們更容易理解模型是如何做出決策的，以便在發現偏見時即時採取措施。

- **反偏見技術**：研究和應用新的機器學習技術，如公平性約束優化（fairness-constrained optimization）或敵對訓練（adversarial training），以減少模型的偏見表現。

- **審查與反饋**：在模型部署後，定期審查其結果，收集用戶和社區的反饋，以便發現潛在的偏見並進行相應的調整。

透過 ChatGPT 的協助，用戶可以更好地了解在機器學習過程中檢測和消除偏見的方法，確保 AI 技術的公平性和道德負責。

11-3-2　消除偏見的算法和技術

ChatGPT 協助用戶了解「機器學習與道德倫理：消除偏見的算法和技術」，提供關於如何確保機器學習模型公平性的知識，下列簡要介紹一些消除偏見的算法和技術：

- **數據預處理**：在訓練模型之前，對原始數據進行處理以消除不公平的特徵。方法包括重新取樣（resampling）、數據增強（data augmentation）和特徵選擇（feature selection）等。

- **算法公平性**：在模型設計階段，加入公平性約束，使得算法在學習過程中能夠自動平衡不同群體的結果。這些方法包括公平性約束優化（fairness-constrained optimization）和代價敏感學習（cost-sensitive learning）等。

- **後處理**：在模型訓練完成後，對輸出結果進行調整，以確保對不同群體的公平性。常用的後處理技術有校準（calibration）和閾值調整（threshold adjustment）等。

- **可解釋的 AI**：研究可解釋的機器學習模型，以提高模型的透明度，讓人們更容易理解模型是如何做出決策的，並即時檢測和消除偏見。

- **遷移學習和元學習**：利用遷移學習（transfer learning）和元學習（meta-learning）技術，在不同領域之間共享知識，以便在潛在偏見較少的數據集上學習公平性概念。

透過 ChatGPT 的協助，用戶可以了解機器學習中消除偏見的算法和技術，以確保 AI 技術的公平性和道德責任。

11-3-3　多元化和包容性訓練數據

ChatGPT 協助用戶了解「多元化和包容性訓練數據」的重要性，並提供相關建議和資源，下列是一些主要觀點：

- **多元化訓練數據**：要確保機器學習模型能夠公平地為各個群體提供服務，訓練數據集必須涵蓋多樣化的樣本。這包括多種族、性別、年齡、地理位置和社會經濟背景等。

- **不同文化背景**：應該考慮到不同文化的語言、風俗和價值觀。多元化的訓練數據有助於提高模型在不同文化背景下的適應性和準確性。

- **關注邊緣群體**：要特別注意那些在數據中可能被忽略的少數群體。確保訓練數據集包含這些群體的代表性樣本，以便機器學習模型能夠為他們提供公平且準確的結果。

- **去識別化和數據保護**：在確保數據多樣性的同時，要遵循相關的隱私和數據保護法律法規。去識別化數據以保護用戶隱私，並且在數據收集、儲存和處理過程中遵守道德規範。

- **持續監控和評估**：定期對模型進行監控和評估，以確保其在不同群體之間的公平性。根據評估結果，對訓練數據進行必要的調整和優化。

透過 ChatGPT 的協助，用戶可以了解如何構建多元化和包容性的訓練數據，以確保機器學習模型具有更高的道德和社會責任。

11-4　負責任的 AI 開發

11-4-1　開發者的道德責任

ChatGPT 協助用戶了解「開發者的道德責任」的重要性，並提供相關建議和資源，下列是一些主要觀點：

- **公平性和無偏見**：開發者有責任確保機器學習模型對所有用戶公平，不受歧視。這意味著要消除訓練數據中的偏見，並在開發過程中持續監控模型的公平性。

- **隱私和數據保護**：開發者必須遵循相關的隱私法規和數據保護政策，確保用戶數據的安全性。這包括使用去識別化技術和適當的數據加密方法。

- **透明性和可解釋性**：開發者有責任確保機器學習模型的運作透明，並能夠為用戶提供可解釋的結果。這有助於建立用戶對 AI 技術的信任，並讓他們能夠更好地理解和使用該技術。

- **持續監控和改進**：開發者應該定期對機器學習模型進行監控和評估，以檢測可能出現的問題並進行必要的調整。這有助於確保模型在各種應用場景中的性能和道德標準。

- **社會和環境影響**：開發者需要關注 AI 技術可能帶來的社會和環境影響，並在開發過程中尋求減少這些影響。這包括探索節能算法和減少碳排放等環保措施。

透過 ChatGPT 的協助，用戶可以了解開發者在機器學習和道德倫理方面的道德責任，並採取相應的行動來確保 AI 技術的可持續發展和社會責任。

11-4-2　研究透明度與可解釋性

ChatGPT 協助用戶探討「研究透明度與可解釋性」的重要性，並提供相關知識和資源，下列是一些核心觀點：

- **透明度的重要性**：在機器學習領域，透明度是建立用戶信任的關鍵。透明度意味著公開訓練數據、模型架構和演算法，讓研究者和用戶了解模型的運作原理和潛在局限。

- **可解釋性**：可解釋性是指機器學習模型能夠產生容易理解的輸出。用戶和決策者需要明確了解模型的推理過程和結果，以做出更好的決策。提高模型可解釋性有助於降低不公平和偏見風險。

- **公開檢驗與評估**：透明度和可解釋性有助於建立可驗證的 AI 系統，使研究者和專家能夠對模型進行審查，確保

其遵循道德和法律規定。這同時有助於檢測潛在的數據偏見和演算法錯誤。

- **開源與共享**：透明度和可解釋性促使研究者和開發者共享開源代碼、數據集和模型，從而提高技術發展的速度和應用廣度，並有助於建立更公平、無偏見的機器學習模型。

- **研究倫理與政策**：透明度和可解釋性需要研究者遵循相關的研究倫理規範，確保模型在開發、部署和應用過程中遵循道德和法律要求。

透過 ChatGPT 的協助，用戶可以更好地理解機器學習與道德倫理中透明度與可解釋性的重要性，並尋求提高 AI 技術的道德標準和社會責任。

11-4-3 人工智慧道德指導原則

ChatGPT 協助用戶瞭解「人工智慧道德指導原則」的重要性，並提供相關資訊和指南，下列是一些核心要點：

- **公平性**：AI 應該在設計、開發和應用過程中保持公平，避免歧視和不公正。這包括選擇無偏見的數據集和使用消除偏見的算法。

- **可解釋性與透明度**：AI 模型應具有可解釋性，易於理解其運作方式和推理過程。透明度要求公開 AI 模型的設計、開發和部署細節，以便用戶、研究者和監管者了解其運作原理。

- **隱私與安全**：AI 系統應確保用戶數據的隱私和安全。這包括遵守數據保護法規、加密數據和使用隱私保護技術，如聯邦學習和差分隱私。

- **可靠性與安全性**：AI 模型應該在各種情況下表現出可靠性和安全性，並遵循業界標準和最佳實踐。這包括進行徹底的測試和驗證，以確保模型在各種應用場景中的穩定性和性能。

- **社會和環境責任**：AI 應該在開發和應用過程中考慮社會和環境影響。這意味著確保 AI 技術有助於可持續發展目標，如減少能源消耗和碳排放。

- **人類價值觀**：AI 應該尊重人類價值觀，確保其設計和應用符合道德、文化和法律要求。此外，AI 應該以增強人類能力和福祉為目標。

透過 ChatGPT 的協助，用戶可以更好地了解 AI 道德指導原則的重要性，從而確保機器學習和人工智慧技術在遵循道德規範的基礎上發展。

11-5　社會影響與道德倫理挑戰

11-5-1　AI 對就業和經濟的影響

ChatGPT 協助用戶了解「AI 對就業和經濟的影響」，提供相關資訊和分析。以下是一些主要觀點：

- **自動化與失業**：AI 和機器學習技術的發展加速了自動化過程，導致部分勞動力市場的崩潰。某些低技能或重複性工作可能被 AI 取代，增加了失業率。

- **技能需求變化**：隨著 AI 在各行各業的應用，對高技能和專業知識的需求也在不斷增加。這導致了技能失衡，使得很多企業難以找到合適的人才。

- **新就業機會**：儘管 AI 帶來了一定程度的失業風險，但它也創造了新的就業機會。舉例來說，數據分析、機器學習工程師和 AI 研究員等專業領域的需求持續增長。

- **經濟增長**：AI 和機器學習技術可以提高生產力和效率，從而推動經濟增長。自動化和優化的過程有助於降低成本，提高企業競爭力。

- **收入不平等**：AI 對經濟的影響可能會加劇收入不平等。高技能工人和企業擁有者可能會從 AI 帶來的效益中獲益，而低技能工人則面臨失業和收入下降的風險。

- **教育和培訓**：為應對 AI 對勞動力市場的影響，政府和企業需要重視教育和培訓。這包括提供技能轉換計劃，以及將 AI 和機器學習納入基本教育課程。

透過 ChatGPT 的協助，用戶可以更深入地了解 AI 對就業和經濟的影響，以及相應的道德和倫理問題。

11-5-2　機器學習與心靈哲學問題

ChatGPT 協助用戶探討「機器學習與心靈哲學問題」，提供相關資訊和觀點，下列是一些主要內容：

- **人工智慧與意識**：機器學習和人工智慧是否能夠擁有與人類相似的意識和自主意識？這個問題涉及到心靈哲學和科學的辯論，包括心靈 - 身體問題和認知科學。

- **機器學習與心理過程**：機器學習模型是否可以模擬人類的心理過程，例如情感、意向和信念？這涉及到對人類心智的理解以及 AI 的潛在能力。

- **人工智慧的道德地位**：如果機器學習模型達到一定程度的智慧和自主性，我們是否應該給予它們道德地位？這引發了關於機器的權利和責任的道德討論。

- **機能主義與人工智慧**：機能主義認為心靈與物質結構的關係取決於功能，而非物質本身。基於這一觀點，AI 和機器學習模型是否可以被認為具有心靈？

- **中文房間思想實驗**：這個思想實驗質疑機器學習模型是否真正理解它們所處理的語言和概念。它探討了語言理解、意識和智慧之間的關係。

- **人類與 AI 的共存**：隨著 AI 和機器學習的發展，如何確保人類與智慧機器和諧共存？這涉及到道德、倫理和社會問題，以及對未來科技的展望。

透過 ChatGPT 的協助，用戶可以更深入地了解機器學習與心靈哲學問題之間的聯繫，並思考 AI 發展所帶來的道德和倫理挑戰。

11-5-3　機器學習與全球公平問題

ChatGPT 協助用戶探討「機器學習與全球公平問題」，提供相關資訊和觀點，下列是一些主要內容：

- 資源分配不均：機器學習與 AI 技術的發展可能加劇全球資源分配不均的問題。發達國家通常擁有更多的資源、數據和技術，使其受益更多，而發展中國家可能無法充分利用這些技術。

- 數字鴻溝：機器學習和 AI 的普及加劇了數字鴻溝，使得擁有技術設施和能力的人群與缺乏這些設施的人群之間的差距擴大。這可能導致教育、經濟和社會機會的不公平。

- 機器學習對就業的影響：自動化和機器學習對全球就業市場帶來巨大影響，可能導致部分工作流失，尤其是在勞動密集型行業。這可能加劇社會不公和經濟不平等。

- 偏見與歧視：機器學習模型可能會無意中加強現有的社會偏見和歧視，尤其是在訓練數據存在偏見時。這可能對弱勢群體產生不利影響，加劇全球公平問題。

- 技術普及與合作：為了解決全球公平問題，需要國際間的合作，將機器學習技術普及至不同國家，以共同應對全球挑戰，如氣候變化、公共衛生等。

- 政策與道德原則：制定相應的政策和道德原則，以確保機器學習技術在全球範圍內公平、負責任地使用，促進全球公平。

　　透過 ChatGPT 的協助，用戶可以更好地理解機器學習與全球公平問題之間的關係，並尋求解決方案以實現更公平的世界。

第 12 章

AI 與就業市場 - 自動化帶來的挑戰與機遇

隨著人工智慧（AI）技術的迅速發展，其對就業市場的影響日益明顯。AI 不僅提高了生產力，推動經濟增長，還改變了職業結構，促使技術導向職業增長。然而，它也帶來了一系列挑戰，如自動化取代部分傳統工作、知識型工作與勞動密集型工作的轉變，以及數據分析與程式設計技能需求增加。在這個背景下，我們需要關注教育、培訓、政策調整等方面，以適應 AI 時代的就業市場變革。

12-1　AI 與自動化對就業市場的影響

12-1-1　自動化取代部分傳統工作

人工智慧（AI）和自動化在近年來進一步發展，對全球就業市場產生了深遠影響。雖然 AI 為人類帶來了許多好處，但它也對部分傳統工作產生了取代效應。下列將探討自動化如何取代部分傳統工作，以及這一變革對就業市場的影響。

- **製造業**：許多製造業工作被自動化生產線和機器人取代，使生產效率得到提高，但也減少了對人力的需求。

- **金融業**：AI 算法可以快速分析市場數據，取代部分金融分析師的工作。

- **客服業**：智慧客服機器人可回答常見問題，降低了對人工客服代表的需求。

- **零售業**：無人商店和自助結帳機使得部分收銀員和店員工作變得多餘。

- **運輸業**：自動駕駛技術有可能減少對司機和運輸從業人員的需求。

　　AI 和自動化取代部分傳統工作是不可避免的趨勢，這對就業市場帶來了重大挑戰。面對這一變革，政府、企業和個人需要共同努力，提高勞動力素質，進行職業培訓，並研究如何在自動化時代確保社會福祉。同時，也要看到 AI 所創造的新職業和機會，積極適應這一變革，以應對未來就業市場的挑戰。

12-1-2　提高生產力與經濟增長

　　ChatGPT 協助「提高生產力與經濟增長」旨在探討 AI 技術如何推動全球經濟，創造新的就業機會，並提高生產效率。透過分析 AI 對各行業的影響，我們可以更好地理解其在促進經濟增長中的作用。

- **自動化與效率**：AI 應用於各行各業，提高生產效率並降低成本。例如，在製造業，自動化機器人可以提高產量並降低人工成本。

- **創新和創業**：AI 技術激發創新和創業精神，推動新產品和服務的開發。從而創造更多就業機會，並擴大市場需求。

- **資訊分析與決策**：AI 可幫助企業更好地分析數據，做出更明智的決策。例如，AI 可以預測消費者需求，幫助企業更有效地制定市場策略。

- **人工智慧與經濟政策**：政府可以利用 AI 技術制定更有效的經濟政策，以數據的預測模型為基礎，以解決經濟問題並促進增長。

- **全球競爭力**：在全球競爭激烈的環境中，AI 技術有助於提高國家的競爭力。投資 AI 技術，將有助於吸引全球人才和資本，推動經濟發展。

ChatGPT 將協助用戶深入了解 AI 如何推動經濟增長和提高生產力，從而塑造未來的就業市場。為確保未來繁榮，政府和企業應該加大對 AI 技術的投資和支持。這將有助於我們更好地理解 AI 在全球經濟中的角色，並制定相應的策略來應對這一變革。

12-1-3　重新分配勞動力資源

AI 技術正在改變全球勞動力市場，這不僅帶來了挑戰，也帶來了機遇。為了適應這些變化，需要對勞動力資源進行重新分配。

- **新的職業類別與技能需求**：隨著 AI 技術的發展，新的職業類別不斷出現，如 AI 工程師、數據科學家和機器學習研究員等。這些職業需要具備與時俱進的技能，而非傳統的技能。

- **轉移勞動力**：隨著自動化技術取代部分傳統職位，勞動力需要從低技能工作轉移到更高技能領域，如創新和創意產業。這有助於實現經濟增長和提高生產力。

- **培訓與教育**：政府和企業需要投資於培訓和教育，以確保勞動力具備未來市場所需的技能。這包括提供持續的職業培訓和發展計劃，以幫助勞動力適應變化。

- **跨行業合作**：為了更好地了解和應對 AI 對勞動力市場的影響，需要加強跨行業合作。這有助於共同制定政策和勞動力培訓機制，確保勞動力得到有效的重新分配。

　　AI 技術正在塑造勞動力市場的未來，需要對勞動力資源進行重新分配，以確保經濟體系的繁榮。透過培訓、教育和跨行業合作，我們將能夠實現勞動力的有效分配，滿足不斷變化的市場需求。

12-2 職業類型的變化

12-2-1 技術導向職業的增長

　　隨著 AI 技術的普及，技術導向職業的需求不斷增長，本小節將討論如何透過 AI 培育技術導向職業市場。

- 人工智慧與數據科學：AI 技術的崛起，使數據科學家、機器學習工程師等專業人士的需求不斷增加。這些職位要求具有分析和處理大量數據的能力，以開發有效的 AI 模型和解決方案。

- 軟體開發和應用：AI 技術的應用推動了軟體開發行業的增長。開發人員需具備編程技能，以實現 AI 在各領域的應用，如語音識別、自然語言處理等。

- 網絡安全和隱私：隨著 AI 在各行各業的應用，網絡安全和數據隱私成為首要關注。需要具有專業知識的安全專家以確保數據安全，保護個人和企業資訊。

- 用戶介面和用戶體驗設計：為了實現 AI 在各種產品和服務中的無縫集成，用戶介面（UI, User Interface）和用戶體驗（UX, User Experience）設計師的需求日益增長。他們專注於研究和設計易於使用且符合用戶需求的解決方案。

- **機器人技術**：機器人技術在製造業、醫療和家庭等領域的應用也推動了相關職業的需求。機器人工程師和技術人員需要具備編程、機械和電子工程等多方面的技能。

- **教育和培訓**：AI 技術的普及需要大量具備專業知識的人才。因此，培訓師、教育家和導師在幫助人們獲得相關技能方面發揮著重要作用。

AI 技術的發展帶來了技術導向職業的增長。這些職業涵蓋了數據科學、軟體開發、網絡安全等多個領域。隨著 AI 技術不斷進步，這些專業人士將在未來就業市場中扮演越來越重要的角色。

12-2-2　人工智慧創造的新職業

隨著人工智慧（AI）技術的快速發展，就業市場也出現了許多新興職業。這些職業為創新者和技術愛好者提供了一個機會，將他們的技能應用於實現更高生產力和創新的領域，下列是一些 AI 技術所創造的新職業範例。

- **AI 研究員和開發者**：這些專業人士專門從事 AI 算法和應用的研究和開發，他們需要具備強大的數學、統計學和程式設計能力。

- **自然語言處理工程師**：這些專家致力於開發理解和生成自然語言的 AI 系統，如智慧聊天機器人和語音助手。

- **電腦視覺工程師**：他們專門研究如何讓 AI 系統理解和解析圖像和視頻，這在自動駕駛汽車和智慧監控系統等領域具有重要應用。

- **機器學習工程師**：機器學習工程師運用他們的專業知識為各種行業設計、開發和部署機器學習模型，提高自動化程度和決策效率。

- **數據科學家**：數據科學家專門分析大量數據，以挖掘有價值的見解並為機器學習模型提供訓練數據。

- **AI 倫理學家**：隨著 AI 技術的應用範圍不斷擴大，越來越多的專家關注 AI 對社會和道德的影響，他們致力於制定道德指導原則，確保 AI 技術的負面影響得到有效控制。

- **語音設計師**：專門設計和開發語音交互介面，使 AI 系統與人類用戶更自然地交流。

- **AI 健康顧問**：運用 AI 技術為用戶提供個性化的健康建議和照護方案。

AI 在就業市場中產生的影響是多方面的，既有對傳統行業的影響，也帶來了新興職業的出現。這些新職業滿足了市場對專業技能和創新思維的需求，同時也為求職者提供了更多的選擇。隨著 AI 技術的不斷發展，這些新興職業將在未來的就業市場中擔當越來越重要的角色。

12-2-3　知識型工作與勞動密集型工作的轉變

隨著人工智慧（AI）技術的發展，全球就業市場正經歷一場從勞動密集型向知識型工作轉變的革命。這種轉變正在改變企業的經營模式，並對勞動市場產生深遠影響，下列將探討 AI 如何推動這一轉變，以及它對不同行業和職業的影響。

- 自動化降低對勞動密集型工作的需求：AI 和機器人技術使得許多傳統的勞動密集型工作變得多餘，例如製造業、農業和零售業等。

- 知識型工作需求增加：隨著經濟轉型，知識型工作如數據分析、軟體開發和市場營銷等職業的需求呈上升趨勢。

- 教育和培訓的重要性：為適應市場需求，教育和培訓機構需要為工作者提供更多針對性的技能培訓，以幫助他們適應知識型工作的需求。

- 企業轉型：企業需調整經營策略，重視技術創新和人才培養，以提高競爭力並應對市場變革。

- 社會保障政策的調整：政府需完善社會保障體系，協助受自動化影響的勞動者轉型，維護社會穩定。

AI 技術正加速勞動市場從勞動密集型向知識型工作轉變，這對個人、企業和政府都提出了新的挑戰和機遇。要應對這一變革，我們需要加強教育和培訓，調整企業戰略，以及完善社會保障政策，以確保勞動者能夠在新的就業格局中找到適合自己的位置。

12-3　技能需求的演變

12-3-1　軟技能與跨學科能力的重要性

隨著 AI 技術的迅速發展，就業市場對於技能需求的演變也變得越來越明顯。在這個變革中，軟技能和跨學科能力的重要性日益凸顯。下列將探討軟技能和跨學科能力，在 AI 時代的就業市場中的重要性及其具體表現。

- **軟技能的重要性**：軟技能指的是與人際交往、溝通和情商相關的技能，如團隊協作、領導力、創新能力等。隨著自動化和 AI 技術的普及，軟技能在職場中的需求持續增加，因為這些技能無法被機器輕易替代。

- **溝通能力**：在 AI 驅動的工作環境中，有效的溝通能力變得至關重要。員工需要能夠清晰地表達自己的想法和需求，並能與不同背景的同事協同合作。

- **解決問題能力**：隨著 AI 技術在各行業的廣泛應用，員工需要具備強大的解決問題能力，以應對不斷變化的挑戰。這包括創新思維、批判性思考和敏捷學習能力。

- **團隊合作**：AI 時代的工作往往需要跨學科的團隊合作。員工需要具備協作精神，能夠與來自不同領域的專家共同完成項目。

- **情緒智慧**：在 AI 與人類共事的環境中，情緒智慧對於建立良好的人際關係和保持積極的工作氛圍具有重要意義。具有情緒智慧的員工能夠理解和管理自己和他人的情感，從而提高工作效率和團隊凝聚力。

- **靈活性和適應力**：AI 時代的就業市場瞬息萬變，員工需要具有靈活性和適應力，以應對不斷變化的技術和市場需求。這意味著要善於學習新技能、接受新挑戰並不斷調整自己的工作方式。

隨著 AI 技術的融入各行業，跨學科知識變得越來越重要，員工需要具備一定程度的跨學科知識，以便更好地理解和運用 AI 技術，創造綜合性的解決方案。

12-3-2　數據分析與程式設計技能需求增加

隨著人工智慧（AI）的發展，數據分析和程式設計技能在就業市場上的需求正在迅速增加。這兩種技能已成為當代職場的關鍵能力，對於各行各業的企業具有重要價值，以下將探討 AI 如何推動這一趨勢，以及它對未來職場的影響。

- **大數據時代的到來**：數據分析技能在大數據時代變得尤為重要，因為它有助於企業從海量數據中提取有價值的資訊，以優化決策和提高營運效率。

- **AI 技術的推動**：AI 技術的應用需要專業的程式設計能力，以便開發和維護高度復雜的機器學習算法和人工智慧系統。

- **行業需求增加**：無論是金融、醫療、教育還是零售等各行業，對於具有數據分析和程式設計技能的專業人才的需求都在不斷增長。

- **薪資水平上升**：由於對這些技能的需求遠大於供應，具有數據分析和程式設計技能的專業人才能夠獲得更高的薪酬待遇。

- **教育和培訓的擴大**：為滿足市場需求，越來越多的教育機構和培訓中心開設了數據分析和程式設計相關課程，以幫助學生和在職人員提升這些技能。

AI 技術的發展正在加速數據分析和程式設計技能在就業市場上的需求，這對於未來的職業發展和行業競爭力具有重大影響。因此，個人和企業都需要重視這些技能的培養和應用，以滿足未來就業市場的需求。

12-3-3　終身學習與持續職業培訓

隨著人工智慧和數位化在各個行業的迅速發展，終身學習與持續職業培訓在現今就業市場中扮演著越來越重要的角色。在這個變革中，不僅需要新的技能和知識，而且需要個人持續學習，以應對不斷變化的技術和行業需求。

- **個人職業發展**：在這個快速變化的就業市場中，人們需要不斷更新和擴展自己的知識和技能，以保持競爭力。這包括學習新的程式語言、掌握新的數據分析方法，以及瞭解最新的行業趨勢。

- **公司內部培訓**：為了應對技術變革帶來的挑戰，許多公司開始重視內部培訓和教育，以提升員工的技能和知識。企業可以透過在職培訓、研討會、網絡課程等多種方式，幫助員工掌握新的技能。

- **政府和教育機構的角色**：政府和教育機構在推動終身學習和職業培訓方面扮演著關鍵角色。他們可以提供培訓資源、就業指導和政策支持，以幫助個人和企業應對技術變革帶來的挑戰。

- **在線教育平台**：網絡技術的發展為終身學習提供了便利。在線教育平台如 Coursera、Udacity 和 edX 等，為學習者提供了豐富的課程和資源，方便他們靈活地學習和提升自己的技能。

隨著 AI 在就業市場中的影響日益顯著，終身學習和持續職業培訓對於個人和企業的成功至關重要。

12-4 職業教育與培訓

12-4-1 教育體系的調整與創新

隨著 AI 在各行業的應用不斷擴大，就業市場面臨前所未有的變革，這也要求教育體系做出相應的調整和創新，以培養適應時代需求的人才。

- **跨學科教育**：為應對複雜的問題和挑戰，教育體系需要強調跨學科知識的整合，幫助學生建立全面的知識體系。

- **技術教育**：教育體系需要將技術教育融入各個學科，讓學生掌握與 AI 相關的基本技能，如數據分析、程式設計等。

- **軟技能培養**：在 AI 時代，軟技能如批判性思考、創新思維、溝通協作等也顯得尤為重要。教育體系需要將這些技能納入教學內容，幫助學生提升全面競爭力。

- **線上教育**：利用網路技術和 AI 擴展傳統教育資源，線上教育平台不僅可以擴展教育資源，提供更多元的學習選擇，還可以利用 AI 技術為學生提供個性化的學習計劃，以提高學習效果。

- **實踐性教育**：強調實踐性教育，讓學生在學習過程中參與實際項目，培養解決實際問題的能力。

- **職業教育**：加強與企業的合作，提高職業教育的針對性和實用性，為學生提供更多實習和就業機會。

- **政策支持**：政府需要制定相應的政策，鼓勵教育創新，並為教育機構提供資源和技術支持。

AI 時代的來臨對教育體系提出了新的要求，只有透過調整教育內容、方法和模式，培養具備創新思維、技術能力和跨領域知識的人才，才能滿足未來就業市場的需求。教育體系的變革需要政府、教育機構和企業共同努力，以確保學生能夠適應這個快速變化的世界，成為推動社會進步和經濟發展的力量。

12-4-2　在線教育與遠程學習的普及

隨著 AI 技術的迅猛發展，越來越多的在線教育和遠程學習平台興起，以應對就業市場不斷變化的需求。ChatGPT 在這方面發揮了重要作用，協助提供豐富的學習資源和個性化的學習體驗。

- **豐富的學習資源**：ChatGPT 可協助搜尋和推薦適合的線上課程，讓學生根據自己的需求和興趣選擇合適的課程。

- **個性化學習**：ChatGPT 能夠根據每位學生的學習進度和偏好，提供定制化的學習計劃和建議。

- **隨時隨地學習**：ChatGPT 可作為一個隨身的智慧教練，幫助學生在任何時間、任何地點獲取學習資源和解答疑問。

- **互動式學習**：ChatGPT 能夠與學生進行即時對話，以提高學習效果，並為學生提供有趣的學習體驗。

- **自動評估與反饋**：利用 AI 技術，ChatGPT 可以對學生的作業和測試進行自動評估，並提供即時的反饋和建議，幫助學生改進和提高。

- **學習社群**：ChatGPT 還能協助學生在線上建立學習社群，以便彼此交流、分享知識和相互支持。

ChatGPT 作為一個強大的 AI 工具，正大大推動在線教育和遠程學習的普及。透過創新的方式提供個性化的學習體驗，ChatGPT 有助於學生更好地適應不斷變化的就業市場，並獲得有競爭力的技能。在未來，我們可以期待 ChatGPT 和其他 AI 技術繼續推動線上教育和遠程學習的創新和發展。這將為學生提供更多元化的學習方式和更便捷的教育資源，促使教育體系變得更加高效和包容。

12-4-3　職業培訓機構與政策支持

AI 技術的發展對就業市場產生了巨大影響，這使得職業培訓機構和政策支持成為緩解就業市場變化所帶來挑戰的關鍵因素，以下是一些關於職業培訓機構與政策支持如何幫助應對 AI 與就業市場變化的要點。

- **技能培訓**：職業培訓機構針對當前和未來市場需求提供技能培訓，以幫助求職者適應不斷變化的就業環境。

- **跨行業培訓**：職業培訓機構和政府支持跨行業技能培訓，以確保工作者能夠靈活轉換職業領域。

- **政策支持**：政府制定相應政策，為職業培訓機構提供資金支持，鼓勵企業參與員工培訓，以提高國家整體競爭力。

- **職業指導**：職業培訓機構提供職業規劃和指導，幫助求職者了解市場需求，制定合適的職業道路和發展策略。

- 合作機制：政府、企業和教育機構建立合作機制，共同開發培訓課程，確保培訓內容與市場需求保持一致。

職業培訓機構和政策支持在應對 AI 與就業市場變化方面發揮著重要作用。它們有助於提升勞動力素質，促使工作者適應新的技能需求，並確保經濟穩定增長。

12-5　機遇與挑戰

12-5-1　AI 技術助力創新與創業

AI 技術的迅速發展不僅影響了現有的就業市場，還為創新和創業提供了無限的潛力，下列是 AI 技術如何促進創新與創業的幾個要點。

- 產品與服務創新：AI 技術的應用使得企業能夠研發出更智慧、更高效的產品和服務，以滿足市場需求。

- 數據分析：AI 技術可以協助企業進行大數據分析，揭示潛在的商業機會，為創業者提供有價值的市場洞察。

- 自動化與降低成本：AI 技術可以幫助企業自動化繁瑣的工作流程，降低成本，提高效率，使創業更具競爭力。

- 決策支持：AI 技術能夠協助創業者做出更加精確的預測和決策，降低風險，並提高投資回報。

- 客戶體驗：AI 技術如聊天機器人和推薦系統，可改善客戶體驗，提高客戶滿意度和忠誠度。

- 網絡安全：AI 技術在網絡安全領域的應用，有助於保護創業企業的數據和資訊，降低潛在的安全風險。

AI 技術在推動創新與創業方面發揮著重要作用。它為創業者提供了先進的技術手段，幫助他們在市場競爭中占得先機。隨著 AI 技術不斷發展和應用，我們可以期待未來創新與創業領域將出現更多顛覆性的變革，為就業市場創造更多機遇。

12-5-2 社會福利政策與安全網的調整

隨著 AI 技術對就業市場產生越來越大的影響，社會福利政策和安全網需要相應調整以應對自動化帶來的挑戰。政府和相關組織必須制定適當的政策和措施，以確保失業者得到幫助，促進經濟增長和社會公平。

- 重新培訓計劃：政府應該推出針對受自動化影響的工人的重新培訓計劃，幫助他們學習新技能，轉型到其他有需求的行業。

- 基本收入保障：基本收入保障政策可以提供給失業者一定的經濟保障，緩解生活壓力，並鼓勵他們尋求再就業或自主創業。

- 社會保障制度改革：隨著非典型工作形式（如兼職、臨時工、遠程工作等）的興起，政府應該對社會保障制度進行改革，確保這些非典型工作形式的從業者也能享受到相應的福利。

- 靈活的退休年齡政策：隨著人口老齡化和技術進步，政府可以考慮實施靈活的退休年齡政策，讓有意願和能力的老年人可以選擇延遲退休，以滿足勞動力市場的需求。

- **稅收政策調整**：政府應該研究和制定適當的稅收政策，以鼓勵企業提供持續教育和培訓機會，以及促進創新和技術發展。

- **公共就業服務機構**：政府應該加強公共就業服務機構的作用，提供就業指導、職業介紹和就業創業培訓等服務，幫助失業者尋找新的就業機會。

- **無障礙教育資源**：政府和教育部門應該加大投資，確保教育資源的普及和公平，並提供無障礙的在線教育資源，以便各年齡層和社會階層的人都能獲得技能提升的機會。

- **就業創業支持**：政府應該提供一系列政策支持，如創業貸款、創業培訓、政策指導等，鼓勵創業者利用 AI 技術創新和創業，創造更多的就業機會。

面對 AI 技術對就業市場的影響，政府和相關組織需要積極調整社會福利政策和安全網，以應對自動化和技術變革帶來的挑戰。這意味著制定和實施一系列措施，以確保失業者得到適當的幫助，推動經濟增長和社會公平。

12-5-3　抗衡社會不平等與資源分配問題

隨著 AI 技術對就業市場產生日益顯著的影響，社會不平等和資源分配問題可能會進一步加劇。為應對這些挑戰，政府和相關組織需要採取措施，確保公平競爭和資源的合理分配。

- **提高教育普及率**：政府應該加大對教育的投入，提高教育普及率，確保更多人能夠獲得高質量的教育，縮小知識和技能差距。

- **投資職業培訓**：為了讓更多人能夠掌握 AI 技術和數據分析等技能，政府應該投資建立職業培訓機構，提供免費或低成本的培訓課程。

- **促進公平競爭**：政府應該制定相應的法律法規，確保市場公平競爭，防止壟斷和不正當競爭行為，從而維護消費者和勞動者的權益。

- **稅收政策調整**：透過調整稅收政策，向富裕階層徵收更高的稅收，並將收入用於支持弱勢群體和社會福利計劃，以減少貧富差距。

- **基本收入保障**：實施基本收入保障政策，為失業或低收入人群提供一定的生活保障，幫助他們度過經濟困難時期。

- **優化資源分配**：政府應該合理分配資源，將更多的資源投入到公共服務、基礎設施建設和社會福利事業中，以提高公共服務水平和民生保障。

　　應對 AI 技術對就業市場所帶來的社會不平等和資源分配問題，需要政府和相關組織共同努力，制定和實施一系列政策和措施。這些措施包括提高教育普及率、投資職業培訓、促進公平競爭、調整稅收政策、實施基本收入保障以及優化資源分配。透過這些舉措，我們可以朝這些主題將幫助讀者了解 AI 技術對就業市場的影響，以及自動化帶來的挑戰與機遇。

第 13 章

人類與 AI 的協作
– 創造嶄新的未來

在 21 世紀科技迅速發展的時代，人類與 AI 的協作已成為一個無法忽視的趨勢。透過與 AI 的合作，我們不僅能夠提高工作效率和創新能力，還能擴展我們對世界的理解。在眾多領域中，人類與 AI 的協作已經展示出增強人類能力的潛力。無論是醫療、教育、環保還是創意產業，人工智慧都在協助我們創建更美好的未來。

13-1　醫療與健康

13-1-1　輔助診斷與治療規劃

人工智慧在醫療與健康領域扮演著越來越重要的角色，特別是在輔助診斷和治療規劃方面。人類與 AI 的協作讓醫療專業人士能夠更快、更準確地為患者提供治療方案，並提高整體醫療服務質量。

- 影像識別：AI 技術可以快速分析醫療影像，如 X 光、斷層掃瞄（CT, Computed Temography）和核磁共振成像（MRI, Magnetic Resonance Imaging），從而協助醫生更快地確定診斷。

- 病理檢驗：AI 在病理學領域也取得了重要突破，可以協助醫生識別細胞異常和癌症。

- 個性化治療：利用 AI 分析患者的基因數據，醫生可以制定個性化的治療計劃，從而提高治療效果。

- 藥物研發：AI 技術有助於加速新藥物的開發過程，透過模擬實驗和數據分析，可以預測潛在的藥物效果和副作用。

- **疫苗研究**：AI 在疫苗研究中也發揮著重要作用，可以協助研究人員分析病毒結構並預測可能的抗原結構。

- **遠程監測**：AI 可以對患者的生理數據進行即時監控，並即時向醫生發送警報，以便即時處理緊急情況。

- **智慧健康助手**：AI 技術可以為患者提供智慧健康助手，例如智慧手機應用程序，這些應用程序可以提醒患者服藥、記錄病情變化並提供健康建議。

人類與 AI 的協作在醫療與健康領域帶來了許多重要改變，尤其是在輔助診斷和治療規劃方面。AI 技術提供了高效準確的解決方案，使醫生能夠更好地為患者提供個性化和專業的治療。未來，隨著 AI 技術的不斷發展，我們有理由相信它將在醫療領域發揮更大的作用，提高全球人類的健康水平。

13-1-2　個性化醫療與藥物研發

隨著人工智慧技術在醫療領域的應用不斷擴展，其在個性化醫療和藥物研發方面的潛力也日益凸顯。AI 技術的協同作用有助於促進更精確、更有效的醫療體驗。

- **基因體學研究**：AI 技術在基因體學研究中的應用有助於分析大量的基因數據，以揭示疾病的根本原因，並為個性化治療提供基礎。

- **藥物研發**：AI 技術在藥物研發中的應用可以幫助尋找和篩選具有治療潛力的候選藥物，從而降低開發成本和時間。

- **病患分型**：AI 可以對患者進行精確的分型，根據個體差異制定定製的治療方案，提高療效和患者滿意度。

- **疫苗研發**：AI 技術在疫苗研發中可以提高預測和篩選潛在抗原的準確性，從而加快疫苗開發進程，應對公共衛生危機。

- **醫療數據分析**：AI 可在大量數據中識別出病患特徵、病情演變規律等資訊，有助於指導個性化治療方案的制定和評估。

- **智慧健康監測**：借助可穿戴設備和物聯網技術，AI 可即時監測患者健康狀況，提前發現問題並給出個性化建議。

人工智慧在個性化醫療和藥物研發領域的應用，正以前所未有的速度推動醫療科技的進步，為患者帶來更精確、更個性化的治療方案。AI 技術有助於優化醫療資源配置、提高研發效率，並降低醫療成本。

13-1-3　遠程監測與患者關懷

人工智慧技術在醫療與健康領域的應用不僅局限於診斷和治療，還延伸至遠程監測和患者關懷。這方面的創新有助於提高醫療服務的可及性和質量，特別是對於偏遠地區和有特殊需求的患者。

- **遠程診斷**：AI 技術可幫助遠程診斷系統進行影像分析，為無法親臨醫院的患者提供準確、即時的醫療建議。

- **智慧監測**：可穿戴設備和物聯網技術結合 AI，可即時監測患者健康狀況，提前預警潛在問題。

- **遠程康復**：AI 技術支持遠程康復計劃，為患者提供個性化的康復指導，減少醫療資源負擔並提高康復效果。

- **患者教育**：AI 技術可以為患者提供有關疾病管理和預防的教育資源，幫助他們了解自身病情，掌握自我管理技能。

- **慢性病管理**：AI 可協助制定個性化的慢性病管理方案，提供適時的生活方式建議，並監測病情變化，降低併發症風險。

- **醫療資源整合**：AI 技術可以整合各類醫療資源，如醫生、護士、藥師等，實現跨專業協作，為患者提供全面的醫療服務。

人類與 AI 的協作在醫療與健康領域，特別是遠程監測和患者關懷方面，正不斷拓展新的可能性。AI 技術為患者帶來更便捷、更人性化的醫療體驗，有助於提高生活質量。然而，在這一過程中，我們應充分考慮患者隱私和數據安全問題，以確保其利益充分受到保護。

13-2 教育與培訓

13-2-1 個性化學習與虛擬助教

人工智慧技術在教育與培訓領域的應用不僅改變了教育方式，還提高了教育質量。特別是在個性化學習和虛擬助教方面，AI 與人類的協作為教育帶來了革命性的變革。

- **學習推薦系統**：AI 技術能夠根據每位學生的學習進度和能力，推薦合適的學習資源和練習題目，實現個性化學習。

- **課程設計**：AI 可以根據學生需求和教學目標，生成定制化的課程設計，以提高學習效果和學生參與度。

- **虛擬助教**：AI 虛擬助教可以回答學生的疑問，協助教師處理大量學生問題，節省教師時間，提高教學效率。

- **學習數據分析**：AI 技術能夠分析學生的學習數據，發現潛在的學習困難和需求，從而幫助教師即時調整教學策略。

- **智慧評估**：AI 可以自動評分學生作業，提供即時反饋，並分析學生的知識掌握情況，為教師提供有價值的教學建議。

- **在線教育平台**：AI 技術的應用使得在線教育平台更具互動性，提高了學生的學習體驗，為遠程學習提供了更多可能性。

人類與 AI 的協作在教育與培訓領域，尤其是個性化學習和虛擬助教方面，正在大大提高教育質量和效率。然而，我們同時應該關注數據隱私和教育公平問題，以確保 AI 技術在教育領域妥善發展。

13-2-2　在線教育與遠程學習

人工智慧技術在教育與培訓領域的應用，尤其是在線教育和遠程學習方面，為學生和教師提供了更多便捷、靈活的學習和教

學方式。在此背景下，人類與 AI 的協作正在不斷拓展新的可能性。

- **學習資源共享**：AI 技術支持在線教育平台實現全球學習資源的共享，打破地域限制，讓更多學生受益。

- **靈活學習時間**：在線教育和遠程學習為學生提供靈活的學習時間安排，滿足不同學生的需求。

- **個性化學習進度**：AI 技術可以根據學生的學習能力和進度，提供個性化的學習計劃，幫助學生在適合的速度下學習。

- **互動教學**：AI 技術可以提高在線教育平台的互動性，如虛擬助教、智慧問答等功能，提升學生的學習體驗。

- **即時反饋與評估**：AI 可以對學生的學習進度和成果進行即時評估，並即時給予反饋，幫助學生了解自己的學習狀況。

- **混合式學習**：AI 技術支持將在線教育與傳統教學相結合，實現混合式學習，提高教學效果。

人類與 AI 的協作在教育與培訓領域，特別是在線教育和遠程學習方面，正為學生和教育工作者帶來更多便利和機會。AI 技術有助於擴大教育資源的覆蓋面，提高教育質量和效率。然而，我們應該關注在線教育和遠程學習中可能出現的數據隱私和教育公平問題，以確保技術的可持續發展和普及。在未來，隨著 AI 技術的不斷演進，我們有理由相信，在線教育和遠程學習將更加智慧化，為全球教育事業作出更大的貢獻。

13-3-3　軟技能訓練與職業指導

隨著 AI 技術的普及，人類與 AI 的協作在教育與培訓領域愈發重要，尤其是在軟技能訓練與職業指導方面。本段將著重介紹 AI 如何協助人類提升軟技能和獲得職業指導。

情感智慧 AI：透過模擬情境，學生可以練習人際交流、團隊合作和領導能力，同時接受 AI 的即時反饋和建議，以提高軟技能。

言語和文化教育：AI 可以根據個人的學習進度，提供定制化的語言和文化學習資源，從而提高跨文化交流能力。

職業規劃輔助：AI 可以分析個人的技能、興趣和職業經歷，為學生和求職者提供合適的職業建議和發展機會，幫助他們制定成功的職業規劃。

模擬面試：AI 技術可模擬真實的面試情境，幫助求職者練習面試技巧，並獲得即時反饋，以提高其面試表現。

跨領域整合：AI 可幫助學生和專業人士探索新的領域與技能，激發創新思維，並拓展職業視野。

人類與 AI 的協作在教育與培訓領域中發揮著重要作用，尤其是在軟技能訓練與職業指導方面。AI 不僅可以提供個性化的學習資源，還可以為學生和求職者提供即時的反饋和建議，幫助他們提高交流、團隊合作、領導能力等軟技能。此外，AI 還可以分析個人的技能、興趣和職業經歷，為他們提供合適的職業建議和發展機會。在未來的教育和職業市場中，AI 將繼續與人類緊密合作，共同創造更高效、個性化和創新的學習和培訓環境。

13-3　金融與經濟

13-3-1　風險評估與信用評分

隨著人工智慧技術的進步，AI 在金融和經濟領域的應用日益廣泛，特別是在風險評估和信用評分方面。人類與 AI 的協作在這些領域可提高決策速度和準確性，同時減少人為失誤和偏見。

- **數據分析**：AI 可以快速分析大量數據，例如信用歷史、收入水平和負債情況等，以確定借款人的信用風險。

- **模型建立**：機器學習的信用評分模型，可以根據歷史數據自動調整和優化，以更好地預測風險和損失。

- **降低偏見**：AI 可以消除人為因素帶來的潛在偏見，使信用評分過程更加公平和客觀。

- **即時監控**：AI 可以即時監控金融市場的變化，即時識別和應對潛在風險，從而幫助金融機構做出更好的決策。

- **風險管理**：AI 技術可以為金融機構提供更多的風險管理選擇，例如設定不同的風險容忍程度，以便在市場波動時做出相應調整。

- **提高效率**：透過自動化和智慧化的信用評分流程，金融機構可以提高業務效率，減少人工審查的時間和成本。

人類與 AI 在金融和經濟領域的協作在風險評估和信用評分方面具有顯著優勢。AI 技術的應用不僅可以加快決策過程，提高準確性，還能減少人為失誤和偏見，實現更加公平、客觀的信用評分。

13-3-2　投資策略與市場分析

在金融與經濟領域，人類與 AI 的協作正在改變投資策略和市場分析的方式。透過機器學習和大數據技術，AI 能夠提供更深入的見解和精確的預測，以協助投資者制定更明智的決策。

- **大數據處理**：AI 能夠快速分析龐大的數據集，包括市場數據、公司財報和經濟指標等，以識別潛在的投資機會。

- **模式識別**：機器學習技術可以在數據中識別出重要的趨勢和模式，為投資者提供有價值的資訊。

- **預測分析**：AI 可以根據歷史數據和市場動態生成更準確的預測，幫助投資者評估風險和收益。

- **量化交易**：利用 AI 建立的演算法交易策略可以在金融市場上自動執行交易，提高交易速度和效率。

- **無人投資顧問**：AI 驅動的投資顧問服務能夠為投資者提供量身定制的投資建議，降低成本並提高投資回報。

- **情緒分析**：AI 可以分析社交媒體、新聞和其他網絡資訊，以評估市場情緒和投資者信心，為投資決策提供參考。

- **風險管理**：透過對市場變化的即時監控，AI 可以協助投資者實施風險管理策略，降低損失風險。

人類與 AI 在金融與經濟領域的協作正在顯著改變投資策略和市場分析的方法。透過機器學習和大數據技術，AI 可以提供更深入的見解和精確的預測，協助投資者制定更明智的決策。AI 技術的應用不僅加速了交易過程，提高了效率，還能為投資者提供更專業的投資建議，降低成本並提高投資回報。隨著金融科技的

持續發展，我們有理由相信，人類與 AI 的協作將為金融行業帶來更多創新和機遇。

13-3-3　自動化交易與財務管理

隨著人工智慧技術的快速發展，金融與經濟領域也正經歷著一場革命。在這個過程中，人類與 AI 的協作扮演著重要角色，尤其在自動化交易與財務管理方面。以下將介紹幾個主要的亮點：

- **高頻交易**：AI 能夠分析大量市場數據，並在毫秒內做出交易決策。這種高速交易模式有助於捕捉微小的價格差異，從而實現更高的獲利機會。

- **智慧投資組合**：AI 可以依據投資者的風險承受能力、投資目標和市場趨勢，為投資者量身定制投資組合，提高收益率並降低風險。

- **財務管理工具**：AI 技術可以幫助個人和企業進行財務規劃、預算管理和財務分析，提高資金利用效率。

- **遵從性與監管**：AI 可以協助金融機構遵守監管規定，自動檢測可疑交易行為，以及即時報告不符合規定的活動。這有助於減少違規風險並提高金融市場的透明度。

- **預測分析**：AI 可以根據大量數據對市場趨勢進行預測分析，幫助投資者即時調整策略以應對市場變化。

- **融資和信貸決策**：AI 可以加速信貸審批過程，提高貸款批准的準確性，並降低違約風險。

AI 在自動化交易與財務管理方面扮演著日益重要的角色。透過人類與 AI 的協作，可以實現更高的交易速度、更精確的投資

策略、更有效的風險管理以及更適應市場變化的財務規劃。在未來，金融行業將進一步擁抱 AI 技術，將其與人類智慧相結合，以達到更高的效率和創新。

13-4 製造業與物流

13-4-1　智慧生產與品質控制

在製造業與物流領域，人工智慧（AI）正不斷地改變著生產過程和管理方法。透過人類與 AI 的協作，企業能夠實現更高的效率、更好的品質控制以及更環保的生產方式，下列將介紹一些主要的亮點：

- **自動化生產**：AI 與機器人技術的結合使得生產線自動化程度不斷提高，從而提高生產效率，降低人工成本。
- **品質監控**：AI 可以對生產過程進行即時監測，識別潛在的生產缺陷並即時糾正，保證產品品質。
- **預測性維護**：AI 能夠根據歷史數據預測設備可能出現的故障，從而提前安排維修，降低停機時間和維修成本。
- **生產計劃與優化**：透過 AI 技術，企業可以根據市場需求和資源限制制定更有效的生產計劃，提高資源利用率和生產靈活性。
- **智慧物流與供應鏈管理**：AI 可以協助企業優化運輸路線，預測供應鏈中的潛在風險，並實現更快捷、更經濟的物流運營。

- **綠色製造**：AI 可以幫助企業實現更環保的生產方式，例如減少能源消耗、降低排放以及提高原材料回收利用率。

- **人機協作**：透過人類與 AI 的協同作業，可以將人類的創造力與機器的高效能力相結合，實現更高效的生產方式。

人類與 AI 的協作在製造業與物流領域展現出巨大的潛力。隨著技術的進一步發展，這種協作將不斷深化，使得生產過程更加高效、環保和智慧。企業將能夠更好地應對市場變化，提升競爭力，同時實現可持續發展。此外，人類與 AI 的協作也將促使製造業和物流行業不斷創新，開發出新的產品和服務，以滿足未來市場需求。這種協作模式將推動全球經濟的增長，並為人類創造更多的就業機會和福祉。

13-4-2　預測性維護與優化運營

隨著人工智慧技術的快速發展，其在製造業與物流行業的應用也日益顯著。預測性維護與優化運營是這些應用中的重要方面，對企業的生產效率和成本控制具有顯著影響。本段將探討人類與 AI 如何在這些領域實現協作，從而提高整體行業的表現。

- **預測性維護**：AI 系統可以分析大量機器數據，即時識別潛在的故障並預測機器的使用壽命。這可以幫助企業提前進行維修，避免生產中斷和昂貴的緊急維修。

- **優化運營**：AI 可以透過分析生產數據，為企業提供更加精確的生產計劃和資源分配建議。此外，AI 還可以在物流運營中實現最佳路線規劃和貨物管理，減少運輸成本和時間。

- 能源效率：AI 技術有助於監測和調整生產過程中的能源消耗，從而降低能源成本，並促進環境可持續發展。

- 協同作業：透過 AI 技術，人類與智慧機器人可以在生產線上協同作業，提高生產效率，同時降低工人的勞動強度。

人類與 AI 在製造業與物流領域的協作不僅可以提高生產效率和節省成本，還能改善整體行業的可持續發展。預測性維護與優化運營是實現這一目標的關鍵途徑，它們可以幫助企業更好地應對市場變化和競爭壓力。

13-4-3　自動化倉儲與物流管理

在全球化經濟中，製造業與物流行業扮演著關鍵角色。隨著人工智慧（AI）技術的迅速發展，人類與 AI 在自動化倉儲與物流管理方面的協作將帶來巨大的效益，提高企業的運營效率和市場競爭力，下列將探討這方面的主要應用和影響。

- 智慧倉儲：AI 技術可以實現倉儲自動化，對貨物進行快速、準確的分類和儲存，提高儲存空間利用率，降低人工成本。

- 機器人揀貨：使用具有 AI 功能的自動化機器人進行揀貨，可以提高揀貨效率，減少錯誤並降低勞動強度。

- 自動化運輸：AI 技術可以實現自動化運輸工具，如無人駕駛卡車和無人機，從而降低運輸成本，提高運輸效率。

- 即時追蹤與監控：AI 可以幫助實現貨物的即時追蹤和監控，提高供應鏈的透明度，即時發現和解決問題，降低損失風險。

- **優化物流路線**：AI 可以分析各種因素，如交通狀況、天氣、貨物需求等，為企業提供最佳運輸路線建議，節省運輸成本和時間。

- **數據分析與預測**：AI 可以分析物流數據，對市場需求、庫存水平等進行預測，幫助企業制定更精確的運營策略。

人類與 AI 在製造業與物流領域的協作不僅提高了倉儲和運輸的自動化水平，還使企業能夠更有效地應對市場變化，提高經營效益。

13-5　創意產業

13-5-1　藝術創作與設計輔助

創意產業作為人類文化和藝術的重要載體，一直是人類獨有的領域。然而，隨著 AI 技術的不斷發展，人工智慧已經開始在藝術創作和設計輔助等領域與人類達成協作，為創意產業帶來了無限的可能性和革新。接下來將介紹人類與 AI 在創意產業方面的主要應用和影響。

- **藝術創作**：AI 可以生成獨特的藝術作品，例如繪畫、音樂和詩歌等，為藝術家提供靈感和創作素材，拓寬創作領域。

- **設計輔助**：AI 可以協助設計師在平面設計、時尚設計、產品設計等領域進行快速原型設計，提高設計效率和創新能力。

- **個性化推薦**：AI 可以根據用戶喜好和行為特徵，為他們推薦定制化的藝術作品和設計產品，提升用戶體驗和消費滿意度。

- **虛擬現實和增強現實**：AI 技術可結合虛擬現實（VR）和增強現實（AR）技術，為藝術和設計領域創造沉浸式和互動式的新體驗。

- **創意分析**：AI 可以對藝術品和設計作品進行分析，評估其市場價值和受眾喜好，指導創意產業的商業決策。

人類與 AI 在創意產業的協作不僅為藝術創作和設計領域帶來了創新和靈感，還有助於滿足市場需求和提升消費者體驗。隨著 AI 技術的不斷演進，我們可以期待在未來，這種協作將進一步擴展創意產業的界限，為人類的藝術和文化生活帶來新的體驗。

13-5-2　音樂創作與表演

人工智慧（AI）技術在創意產業中的應用日益廣泛，音樂創作與表演領域也受到了很大影響。人類與 AI 在這一領域的協作正在改變音樂創作的方式，並為音樂表演帶來新的可能性，下列將簡要介紹人類與 AI 在音樂創作與表演方面的主要應用和影響。

- **AI 音樂創作**：利用深度學習技術，AI 可以生成不同風格和情感的音樂作品，為作曲家提供靈感，並協助完成創作。

- **自動作曲**：AI 可以根據特定主題或風格自動創作音樂，為廣告、電影、遊戲等多種場景提供背景音樂。

- **音樂學習輔助**：AI 可以分析學生的練習和表演，提供有針對性的指導和建議，提高音樂學習效果。

- **聲音處理與合成**：AI 可以協助音樂家進行聲音處理，例如音頻修復、降噪以及音頻合成等，提高音樂製作的品質和效率。

- **智慧音樂推薦**：AI 可以根據用戶的聽歌習慣和喜好，為他們推薦合適的音樂，提升用戶體驗並促進音樂消費。

- **虛擬表演**：AI 可以結合虛擬角色和數字技術，創建全新的音樂表演形式，為觀眾帶來沉浸式和互動式的音樂體驗。

　　人類與 AI 在音樂創作與表演領域的協作為創意產業帶來了無數的可能性，並為音樂愛好者創造了更豐富的體驗。隨著 AI 技術的不斷發展，這種協作將繼續推動音樂創作和表演的創新，為人類的文化生活增色添彩。

13-5-3　內容生成與編輯

　　隨著 AI 技術的蓬勃發展，人類與 AI 在創意產業中的協作愈發緊密。在內容生成與編輯方面，AI 已經可以協助人們更有效地創作和編輯內容，下列是一些具體的應用實例：

- **文章生成**：AI 可以生成新聞報導、部落格文章等內容，提高寫作效率並降低成本。這些生成的內容可以作為初稿供人工進一步完善，縮短創作時間。

- **語言翻譯與校對**：AI 可以為不同語言的內容提供翻譯與校對服務，確保內容準確無誤並適應各種語言環境。

- **視頻剪輯與編輯**：AI 可以協助剪輯和編輯視頻內容，例如自動識別重要畫面、節奏控制等，幫助編輯者節省時間和提高工作效率。

- **視覺藝術創作**：AI 技術可以生成獨特的視覺藝術作品，如圖像風格轉換和生成對抗網絡（GANs）生成的圖像，為藝術家提供新的創作靈感。

- **社交媒體管理**：AI 可以幫助企業自動生成和策劃社交媒體內容，例如分析用戶數據以了解受眾需求，並根據這些資訊自動生成具有吸引力的內容。

人類與 AI 在創意產業的協作為內容生成和編輯帶來了革命性的變革。人工智慧的創新應用不僅提高了創作效率，降低了成本，還為人類創作者帶來了無限的創作可能。然而，我們同時也要注意到，AI 技術仍然需要與人類的創造力和專業知識相結合，共同發揮最大的價值。

13-6 環境與氣候

13-6-1 氣候模型與預測

隨著氣候變化對全球的影響日益加劇，人類與 AI 的協作在環境與氣候領域顯得尤為重要。尤其在氣候模型與預測方面，AI 技術已經成為一個強大的工具，幫助科學家更好地理解和預測未來的氣候變化，以下是一些具體的應用：

- **高效氣候模擬**：AI 技術能夠提高氣候模型的計算效率，使得科學家能夠獲得更精確、更快速的模擬結果，從而更好地預測氣候變化趨勢。

- **精準預測極端天氣**：AI 可協助研究人員更準確地預測颱風、暴雨等極端天氣事件的發生，並對其影響範圍和強度進行預估，有助於提前做好應對措施。

- **進行氣候變化相關風險評估**：AI 能夠分析氣候數據，預測氣候變化對農業、水資源和生態系統等方面的影響，以及其對社會經濟的潛在風險。

- **監測碳排放**：AI 技術可以協助監測全球碳排放，幫助政府和企業更好地制定減排策略，並評估政策效果。

- **優化能源利用**：AI 可以預測能源需求和供應，有助於提高可再生能源的使用效率，降低對化石燃料的依賴。

人類與 AI 的協作在氣候模型與預測領域扮演著重要角色。透過這種協作，我們能夠更好地預測氣候變化，制定相應的應對策略，並有效減緩氣候變化對全球的影響。

13-6-2　能源管理與智慧節能

在全球氣候變化和能源需求增長的背景下，人類與 AI 的協作在能源管理和智慧節能方面發揮著越來越重要的作用。利用 AI 技術可以改善能源效率，減少浪費，並降低對環境的影響，下列是一些具體的應用實例：

- **智慧電網**：AI 可以實現電網的即時監控和優化，確保能源供應的穩定，並提高可再生能源的使用效率。

- **預測性維護**：AI 可以分析能源設施的運行數據，預測潛在的故障並即時進行維護，降低能源設施的停機率和維護成本。

- **能源需求預測**：AI 可以根據歷史數據和即時資訊預測能源需求，幫助能源供應商更精確地分配和調度資源。

- **智慧節能建築**：AI 技術可以應用於建築物的能源管理，實現智慧照明、空調和供暖等系統的自動調節，從而降低能源消耗和碳排放。

- **優化運輸系統**：AI 可以提供即時交通資訊，協助規劃最短路線和最佳出行時間，從而減少擁堵和交通碳排放。

人類與 AI 在能源管理與智慧節能領域的協作對於解決能源問題和應對氣候變化具有重要意義。透過這種協作，我們可以更高效地利用能源，降低對環境的影響，並有助於實現可持續發展目標。

13-6-3　自然災害預警與應對

隨著氣候變化和自然災害頻繁發生，人類與 AI 在自然災害預警與應對方面的協作變得尤為重要。利用 AI 技術可以為我們提供更準確的預警資訊，幫助政府和民眾迅速做出應對決策，降低自然災害帶來的損失，下列是一些具體的應用實例：

- **氣象預報**：AI 可以分析大量氣象數據，提高天氣預報的準確性和時效性，並更精確地預測極端天氣事件如暴雨、颱風等。

- **地震預警**：利用 AI 技術分析地震數據，可以提高地震預警的準確性，縮短預警時間，使民眾有更多時間做好應對措施。

- **洪水預測**：AI 可以根據即時雨量和河流水位數據，預測洪水的發生和擴散範圍，為防洪救災提供即時資訊。

- **山火監測**：AI 可以分析衛星圖像，快速識別森林火災的發生和擴散情況，協助制定火災應對策略。

- **災後救援**：AI 可以分析災害數據，協助制定救援計劃，快速指派資源和人力，提高救援效率。

　　人類與 AI 在自然災害預警與應對方面的協作為我們提供了強大的支持。透過這種協作，我們可以更好地應對自然災害，減少其對人類生活的影響，並提高社會的抗災能力。

第 14 章

數位助手在日常生活中的角色與影響

　　隨著人工智慧技術的不斷進步，數位助手已經成為我們日常生活中不可或缺的一部分。在下文中，我們將探討數位助手如何協助我們解決各種生活問題，提高工作效率，並豐富我們的娛樂生活。讓我們一起探索數位助手為人類帶來的便利與改變。

14-1　資訊檢索與管理

14-1-1　網絡搜索與個性化推薦

　　在當今資訊爆炸的時代，數位助手在日常生活中的角色與影響日益凸顯。特別是在資訊檢索與管理方面，數位助手為我們提供了強大的網絡搜索與個性化推薦功能，使我們能夠更加高效地應對資訊洪流。

- 網絡搜索：數位助手透過理解自然語言查詢，快速為我們提供精準的搜索結果。從簡單的問答到複雜的問題解決，數位助手都能迅速找到相關資訊，為我們節省寶貴的時間。

- 個性化推薦：依據我們的興趣、喜好和瀏覽歷史，數位助手能夠為我們提供個性化的內容推薦。無論是新聞、視頻還是音樂，數位助手都能挖掘出最符合我們需求的內容，讓我們在休閒娛樂、學習和工作等方面得到更好的體驗。

- 提高工作效率：數位助手可協助我們整理和管理電子郵件、日程安排和待辦事項，讓我們的工作更加有序，提高生產力。

- **智慧家居控制**：與智慧家居設備無縫對接，數位助手可以協助我們實現對家居設備的語音控制，便捷地調節室內環境和控制家電。

- **跨平台同步**：數位助手可在多個設備上同步資訊，確保我們隨時隨地都能獲得所需資訊和提醒。

- **語音助手與翻譯**：數位助手還可以實現語音識別和多語言翻譯，協助我們與來自不同語言背景的人士進行交流，促進國際交流與合作。

　　數位助手在資訊檢索與管理方面的角色和影響顯著地提高了我們的生活品質和工作效率。隨著 AI 技術的進一步發展，數位助手在未來將繼續為我們提供更多便捷、個性化的服務，使我們的生活變得更加智慧化。從娛樂消遣到職業發展，數位助手將無處不在，成為我們日常生活的得力助手。

14-1-2　電子郵件和通知管理

　　在快節奏的現代生活中，數位助手在資訊檢索與管理方面發揮著越來越重要的作用。尤其在電子郵件和通知管理方面，數位助手的協助能讓我們更專注於重要事物，提高生活和工作效率。

- **郵件分類與篩選**：數位助手可以根據關鍵字、發件人和主題對電子郵件進行自動分類，將重要郵件與垃圾郵件區分開來，幫助我們更有效地處理郵件。

- **優先級設定**：數位助手能夠根據我們的需求和偏好為電子郵件設定優先級，確保我們即時關注重要郵件，避免錯過關鍵資訊。

- **智慧提醒**：數位助手可以根據電子郵件內容生成智慧提醒，例如會議邀請、工作截止日期等，並將其同步到我們的行事曆或待辦事項中，確保我們不會錯過重要事件。

- **自動回覆**：在我們無法即時回覆郵件時，數位助手可以根據設定生成自動回覆，讓發件人知道我們已經收到郵件，並將在適當時候回覆。

- **通知管理**：數位助手還可以幫助我們管理各種通知，如社交媒體、應用程式等，篩選出重要通知，避免資訊干擾，讓我們專心投入到當前的工作和生活中。

- **防止資訊過載**：數位助手有助於減少資訊過載的困擾，讓我們在海量資訊中保持清晰的思緒，提高決策效率。

- **增強跨團隊協作**：數位助手可協助我們更好地管理團隊中的郵件和通知，促進成員之間的資訊共享和協同工作。

數位助手在電子郵件和通知管理方面的協助，讓我們能夠更高效地應對繁多的資訊和事務。透過智慧分類、優先級設定和提醒等功能，數位助手為我們節省了大量時間，進一步提升我們的工作和生活品質，使我們能夠專注於更重要的工作和生活事物。

14-1-3　日程安排與提醒

在快節奏的現代生活中，有效地管理日程和待辦事項對於保持工作與生活平衡至關重要。數位助手在日程安排與提醒方面的作用越來越明顯，為我們帶來了許多便利。

- **自動日程安排**：數位助手可以根據我們的喜好和需求自動安排日程，並將其與其他日常活動無縫整合，以確保最大效率。

- **智慧提醒**：數位助手可根據事件的重要性和緊急程度，自動設定提醒，確保我們不會錯過任何重要事項。

- **靈活調整**：當我們的計劃或需求發生變化時，數位助手能夠迅速調整日程，確保我們的時間安排仍然合理。

- **多平台同步**：數位助手可在不同的設備和應用程序之間同步日程安排，讓我們隨時隨地查看和管理自己的行程。

- **跨員協作**：數位助手能協助處理團隊或家庭成員之間的日程協調，並在需要時自動更新相關人員的日程。

- **預測分析**：透過分析過去的行為和習慣，數位助手能夠預測我們可能需要安排的活動，並提前給出建議。

- **融合人工智慧**：數位助手可以結合語音助手和機器學習技術，進一步提高日程安排和提醒的準確性和個性化。

　　數位助手在日程安排與提醒方面發揮了巨大作用，有效地協助我們管理繁忙的日常生活。透過自動化日程安排、智慧提醒和靈活調整等功能，數位助手大大提高了我們的時間管理能力和工作效率。此外，多平台同步和跨員協作功能使我們能夠更好地協同工作，加強與家人、朋友和同事之間的互動。預測分析和人工智慧的融合使得數位助手更加智慧，能夠根據我們的需求提供更加個性化的服務。隨著技術的不斷發展和進步，在未來，我們期待數位助手能夠為我們的日常生活帶來更多驚喜和創新。

14-2　家庭自動化與物聯網

14-2-1　智慧家居設備控制

隨著物聯網技術的發展，數位助手在家庭自動化領域扮演著越來越重要的角色。智慧家居設備與數位助手的結合，讓我們能夠更加輕鬆地控制和管理家庭設備，提高生活品質。以下是數位助手在智慧家居設備控制方面的一些應用：

- **語音控制**：透過語音命令，我們可以控制燈光、空調、電視等家居設備，實現無縫互動。

- **遠程控制**：無論身在何處，我們都可以透過智慧手機或其他裝置遠程操作家中的設備，例如調整溫度、開啟安全系統等。

- **情景模式**：數位助手能夠根據使用者的需求設定不同的情景模式，如電影模式、睡眠模式等，自動調整家居設備的設置，以達到最佳舒適度。

- **能源管理**：數位助手能夠即時監控家庭能源消耗，並根據使用者的需求和習慣進行調整，有助於節能減排。

- **安全監控**：配合智慧門鎖和監控攝像頭，數位助手能夠提高家庭安全，對異常狀況進行即時通知。

數位助手在家庭自動化和物聯網方面的應用為我們的日常生活帶來許多便利。它們可以根據使用者的需求自動執行一系列任務，提升家庭生活的智慧化水平。隨著物聯網技術的不斷進步和智慧家居設備的普及，數位助手將在未來家庭生活中發揮越來越重要的作用。

14-2-2　能源管理與節能

隨著環境保護意識的增強和能源需求的持續增長，數位助手在家庭能源管理和節能方面發揮著越來越重要的作用。透過與家庭能源設備的無縫連接，數位助手可以幫助我們更有效地利用和管理能源，降低能源消耗，提高生活品質。以下是數位助手在能源管理與節能方面的一些要點：

- 即時監控：數位助手能夠即時監測家庭用電、用水等能源消耗情況，提供即時數據，方便用戶查看和分析。

- 智慧分析：使用數據分析，數位助手可以找出能源消耗的瓶頸和無效用能，提供合理的節能建議，幫助用戶降低浪費。

- 自動調節：根據用戶的生活習慣和需求，數位助手可以自動調節家庭設備的工作模式，以達到節能效果，例如智慧恆溫器可以在用戶不在家時自動調低室內溫度。

- 優化能源使用：數位助手可以根據用電高峰和低谷時間段，合理安排家庭用電計劃，達到平衡能源使用的目的，降低用電成本。

- 可再生能源整合：數位助手可以協助家庭整合太陽能、風力等可再生能源設備，提高能源利用效率，降低對傳統能源的依賴。

數位助手在家庭能源管理和節能方面發揮著重要作用，它們可以即時監控能源消耗、提供智慧分析、自動調節家庭設備，以及優化能源使用。此外，數位助手還能協助整合可再生能源，讓我們的生活更加環保永續。

隨著科技的不斷發展和智慧家居設備的普及，數位助手在家庭能源管理和節能方面的應用將更加豐富和成熟。未來，數位助手將在更廣泛的範疇內提供更多節能方案，幫助家庭實現節能減碳的目標，同時提高生活品質，讓我們的家庭生活更加美好。

14-2-3　安全監控與報警系統

數位助手在家庭安全監控和報警系統方面，也發揮著重要作用。現代智慧家居設備和物聯網技術的融合，讓家庭安全得到了前所未有的提升。數位助手可與各種智慧設備配合，實現對家庭安全的全方位保障。

- 視頻監控：數位助手可連接智慧攝像頭，即時監控家庭情況，並提供遠程查看功能，讓用戶隨時掌握家中狀況。

- 入侵報警：配合門窗感應器和運動感應器，數位助手可在入侵時發出警報，並通知用戶採取措施。

- 煙霧和一氧化碳報警：數位助手可與智慧煙霧和一氧化碳報警器連接，即時監測室內空氣質量，一旦發現危險，立即觸發警報並通知用戶。

- 聯動控制：數位助手可根據安全狀況自動控制家庭設備，如遠程鎖門、自動關閉燈光等，以提高安全性。

- 緊急求助：數位助手可以在用戶遇到緊急情況時，快速撥打緊急求助電話，為用戶提供即時支援。

- 家庭成員定位：數位助手還能實現家庭成員定位功能，幫助用戶即時了解家人的位置資訊，確保家人安全。

數位助手在家庭安全監控與報警系統方面具有廣泛應用，可在保障家庭安全的同時，為用戶提供更便捷的生活體驗。

14-3　購物與生活服務

14-3-1　商品推薦與價格比較

數位助手在購物和生活服務領域扮演了重要角色，為用戶提供商品推薦和價格比較功能，使消費者能夠更加便捷、高效地購物，並獲得更好的消費體驗。

- **商品推薦**：數位助手可根據用戶的消費習慣和喜好，自動推薦相關商品，讓用戶省去了繁瑣的搜索過程。

- **價格比較**：數位助手能自動搜集多個電商平台的商品價格資訊，幫助用戶找到最優惠的價格，降低購物成本。

- **消費者評價分析**：數位助手能對消費者評價進行智慧分析，幫助用戶篩選出高品質的商品，降低購買風險。

- **購物清單管理**：數位助手可幫助用戶管理購物清單，追蹤購物需求，確保用戶不錯過任何重要的購物項目。

- **促銷和折扣資訊**：數位助手能即時獲取各大電商平台的促銷和折扣資訊，提醒用戶把握優惠機會，獲得更高性價比的商品。

- **線上支付和安全保障**：數位助手可協助用戶進行線上支付，並提供安全保障，保護用戶資金安全。

- **售後服務追蹤**：數位助手還能協助用戶追蹤售後服務，如退換貨、退款等，確保用戶權益得到有效維護。

- **生活服務預訂**：數位助手可協助用戶預訂各類生活服務，如餐廳、電影院、體驗課程等，為用戶提供便利。

- **消費分析與建議**：數位助手能夠分析用戶的消費行為，給出合理的消費建議，幫助用戶更加理性地消費。

綜上所述，數位助手在購物與生活服務方面發揮了巨大的作用，不僅為用戶提供了更加便捷的購物體驗，還能幫助用戶節省資源、提高生活品質。隨著人工智慧技術的不斷發展和應用，數位助手將在未來日常生活中扮演越來越重要的角色。

14-3-2　餐廳預訂與外賣服務

隨著智慧科技的發展，數位助手在購物與生活服務領域扮演著越來越重要的角色，尤其在餐廳預訂與外賣服務方面。下列將探討數位助手在這一領域的應用及其對日常生活的影響。

- **餐廳預訂**：數位助手可以協助用戶輕鬆預訂餐廳，用戶只需告訴助手需求，助手將為其推薦適合的餐廳，並完成預訂。

- **食物推薦**：根據用戶的口味和飲食偏好，數位助手能提供個性化的菜單建議，並在用戶點餐時給予協助。

- **外賣服務**：數位助手可協助用戶在多家外賣平台上下單，並即時追蹤訂單狀態，讓用戶掌握外賣送達時間。

- **評價與反饋**：數位助手能幫助用戶瀏覽餐廳評價，並在用餐後收集用戶的反饋，進一步改善推薦結果。

- **優惠資訊**：數位助手會根據用戶需求，提供相應的餐廳優惠和折扣資訊，幫助用戶節省開支。

數位助手在餐廳預訂與外賣服務方面的應用，極大地提高了日常生活的便利性。透過個性化推薦、智慧預訂和即時追蹤等功能，數位助手讓用戶的用餐體驗變得更加輕鬆愉悅。此外，數位助手還可以協助用戶發掘新的餐廳和美食，擴大他們的美食圈子。在未來，隨著 AI 技術的進一步完善，數位助手將能提供更加精準的推薦和更優質的服務，為用戶帶來更加美好的生活體驗。

14-3-3 旅行計劃與交通資訊

數位助手在旅行計劃和交通資訊方面的應用為用戶提供了更高效且個性化的服務，使日常出行和旅行變得更加便捷。透過整合各種數據源，數位助手可為用戶提供全面的旅行建議和即時交通資訊，滿足他們不同的需求。

- **旅行規劃**：數位助手可以根據用戶的需求和喜好，推薦適合的目的地、酒店和旅遊活動。此外，數位助手還可以幫助用戶預訂機票、火車票和租車等交通工具，讓用戶的旅行計劃更加輕鬆。

- **即時交通資訊**：數位助手可以即時獲取交通狀況，如路況、交通擁堵和事故資訊，並提供最佳路線建議。這有助於用戶避開交通擁堵，節省出行時間。

- **公共交通資訊**：數位助手能夠獲取公共交通的時刻表和票價資訊，為用戶提供最佳出行方案。同時，它還可以提醒用戶何時需要換乘或下車，降低出行困擾。

- 導航服務：數位助手具有導航功能，可以為用戶提供精確的地理位置和路線指引，讓他們在陌生的城市中輕鬆找到目的地。

- 路線優化：數位助手根據用戶的需求，可提供不同類型的路線建議，例如最快速、最短距離或避開高速公路等。這有助於用戶根據自己的需求選擇最合適的出行方式。

數位助手在日常生活中的角色與影響日益顯著，尤其在購物和生活服務領域。在旅行計劃和交通資訊方面，數位助手透過整合各種數據來源，為用戶提供個性化的服務，讓出行更加便捷。從旅行規劃到即時交通資訊、公共交通資訊、導航服務和路線優化，數位助手在不同層面為用戶提供支持，使他們的旅行體驗更加愉快。隨著技術的不斷發展和普及，數位助手在日常生活中的應用將越來越廣泛，對人們的生活產生更大的影響。

14-4　社交互動與娛樂

14-4-1　消息撰寫與自動回覆

隨著科技的發展，數位助手在日常生活中的角色與影響越來越顯著。在社交互動和娛樂方面，數位助手不僅為用戶提供方便的資訊檢索功能，還能協助用戶進行消息撰寫和自動回覆，使社交互動更加高效和有趣。

- 自動完成：數位助手能夠依據用戶的寫作風格和習慣來協助撰寫消息，提高撰寫效率。

- **智慧回覆**：數位助手可以根據收到的消息內容生成適當的回應，幫助用戶快速回覆，節省時間。

- **語境理解**：數位助手能夠理解對話的語境，從而提供更貼近用戶需求的建議和回應，讓用戶在社交互動中更得心應手。

- **娛樂功能**：數位助手可以根據用戶的興趣推薦相關的影視、音樂、遊戲等娛樂內容，提升休閒時光的品質。

- **保護隱私**：數位助手在協助用戶進行消息撰寫和自動回覆時，需確保用戶的個人資訊和隱私得到充分保護，避免數據洩露。

數位助手在社交互動與娛樂方面扮演著越來越重要的角色，它透過自動完成、智慧回覆等功能，為用戶提供了高效的社交體驗，同時還能根據用戶的興趣推薦各種娛樂內容，讓日常生活更加豐富多彩。在未來，隨著人工智慧技術的進一步發展，數位助手在社交互動和娛樂領域的應用將更加智慧化和個性化，使人們的生活更加便捷、高效。然而，在享受數位助手帶來的便利之餘，我們也應該高度重視用戶隱私保護問題，確保數位助手在提高生活品質的同時，也能夠保障用戶的資訊安全。

14-4-2 社交媒體策略與管理

隨著社交媒體平台的普及，數位助手在社交媒體策略與管理方面的應用越來越廣泛。它們能夠幫助用戶有效地管理社交媒體帳號，提高個人品牌形象和網絡影響力。

- **內容規劃**：數位助手可以協助用戶分析趨勢，發現熱門話題，從而制定合適的內容策略。

- **時間管理**：數位助手可以幫助用戶設定發布時間表，確保在最佳時段發布內容，提高互動率。

- **數據分析**：數位助手能夠收集並分析用戶在社交媒體平台上的數據，幫助用戶了解內容的表現和受眾喜好，從而優化策略。

- **社交監控**：數位助手可以即時監控社交媒體上的提及和評論，讓用戶即時了解自己的網絡口碑，並對負面評價作出回應。

- **競爭對手分析**：數位助手可以分析競爭對手的社交媒體策略，讓用戶了解行業趨勢和競爭環境，以制定更有效的策略。

數位助手在社交媒體策略與管理方面的應用，為用戶提供了便捷的工具，幫助他們更高效地管理社交帳號，提升個人品牌形象和網絡影響力。

14-4-3　電影、音樂和遊戲推薦

在日常生活中，娛樂活動對於放鬆心情、舒緩壓力具有重要作用。數位助手能夠根據用戶的喜好和行為，為他們推薦合適的電影、音樂和遊戲，滿足不同需求。

- **個性化推薦**：數位助手可以分析用戶的歷史觀看、收聽和遊戲記錄，以及其他相關數據，為用戶提供個性化的娛樂內容推薦。

● **跨平台整合**：數位助手可與各大電影、音樂和遊戲平台進行整合，為用戶提供更多樣化的選擇。

● **即時更新**：數位助手能夠即時更新最新的電影、音樂和遊戲資訊，確保用戶隨時了解最新的娛樂動態。

● **社交功能**：數位助手可以根據用戶的社交網絡，推薦好友喜歡的電影、音樂和遊戲，促進用戶間的互動與交流。

● **評分與評論**：數位助手可將不同平台上的評分與評論匯總，幫助用戶更全面地了解某部電影、音樂專輯或遊戲的評價。

數位助手在電影、音樂和遊戲推薦方面的應用，為用戶提供了更個性化和便捷的娛樂體驗。透過數位助手的幫助，用戶可以更輕鬆地找到自己喜歡的娛樂內容，從而提升生活品質。

14-5　健康與健身

14-5-1　運動建議與健身計劃

隨著人們對健康和健身的重視，數位助手在這方面扮演著越來越重要的角色。利用人工智慧技術，數位助手可以根據用戶的需求和身體狀況，提供運動建議和制定健身計劃，幫助用戶保持健康的生活方式。

● **個性化運動建議**：數位助手能夠根據用戶的年齡、性別、體重和健康狀況，提供適合的運動建議，如選擇適當的運動類型、運動強度和持續時間。

- **健身計劃制定**：數位助手可以為用戶制定長期或短期的健身計劃，並根據用戶的進展和反饋進行調整，確保計劃的有效性和可行性。

- **運動數據追蹤**：數位助手可以連接各種運動追蹤設備，如智慧手環、運動手錶等，即時監測用戶的運動數據，如心率、步數和消耗的卡路里，幫助用戶了解自己的運動狀況，並在適當時調整運動強度。

- **營養建議**：數位助手可以根據用戶的運動目標和身體狀況，提供營養建議，如合適的飲食結構和營養補充品的選擇，幫助用戶更好地達成目標。

- **激勵與支持**：數位助手可以根據用戶的運動表現，提供激勵和支持，如獎勵積分、成就徽章等，鼓勵用戶堅持健身，提高運動積極性。

數位助手在健康與健身方面的應用為用戶提供了便利和個性化的服務。從運動建議到健身計劃，再到運動數據追蹤和營養指導，數位助手能夠全面協助用戶實現健康生活目標，並在過程中給予激勵和支持。

14-5-2　營養指導與飲食管理

健康飲食對於維持身體健康至關重要，隨著數位助手技術的發展，人們越來越能夠在營養指導和飲食管理方面得到更加精確和個性化的建議。下列將探討數位助手在營養指導與飲食管理方面的角色和影響。

- **飲食記錄與分析**：數位助手可以幫助用戶記錄每天的飲食攝入，並對營養成分進行分析，使用戶能夠了解自己的飲食習慣並進行改善。

- **營養建議**：根據用戶的體重、年齡、性別、活動量等因素，數位助手可以提供個性化的營養建議，幫助用戶達到均衡飲食的目標。

- **食譜推薦**：數位助手可以根據用戶的口味、飲食需求和喜好推薦適合的食譜。無論是素食者還是尋求特殊飲食需求的用戶，都能找到適合自己的美食。

- **膳食規劃**：數位助手可以根據用戶的需求和目標，提供一周或一個月的膳食計劃，幫助用戶合理安排飲食並保持良好的生活習慣。

- **過敏與特殊需求管理**：對於有特殊飲食需求的用戶，如過敏、糖尿病等，數位助手可以提醒用戶避免某些食材，並推薦適合的食物選擇。

- **飲食挑戰與目標追蹤**：數位助手可以幫助用戶設定飲食目標，如減肥、增肌等，並提供相應的飲食建議，同時幫助用戶追蹤進展，激勵他們堅持實現目標。

數位助手在健康與健身方面的應用越來越廣泛，尤其是在營養指導與飲食管理方面。透過個性化的建議、食譜推薦和目標追蹤，數位助手可以幫助用戶改善飲食習慣，從而達到更好的生活品質。

14-5-3　睡眠監測與改善建議

　　隨著生活節奏的加快，越來越多的人意識到睡眠對健康的重要性。數位助手在睡眠監測與改善方面發揮著越來越重要的作用，幫助人們獲得更好的睡眠質量。

- 　**睡眠監測**：數位助手可以連接智慧手環或其他可穿戴設備，即時監測用戶的睡眠狀況，如深度睡眠、輕度睡眠和清醒時間等，幫助用戶了解自己的睡眠質量。

- 　**睡眠分析**：透過收集數據，數位助手能夠分析出用戶的睡眠模式和習慣，從而找出可能影響睡眠質量的因素。

- 　**改善建議**：根據用戶的睡眠數據和習慣，數位助手可以提供個性化的睡眠改善建議，如調整作息時間、緩解壓力等，幫助用戶改善睡眠質量。

- 　**睡眠輔助**：數位助手可以提供助眠音樂、冥想練習等工具，幫助用戶放鬆心情，更快地入睡。

- 　**睡眠目標追蹤**：用戶可以透過數位助手設定睡眠目標，如每晚保證八小時的睡眠時間。數位助手會追蹤用戶的睡眠情況，並在達到目標時給予正向反饋。

　　數位助手在睡眠監測與改善方面的應用對提高人們的生活品質具有重要意義。透過對睡眠數據的分析和個性化建議，數位助手有助於讓用戶獲得更好的睡眠質量，從而保持身心健康。

14-6 語言學習與翻譯

14-6-1 語言練習與對話模擬

在全球化的時代，語言學習成為人們提高跨文化交流能力的重要途徑。數位助手在語言學習與翻譯方面提供了強大的支持，特別是在語言練習和對話模擬方面，為學習者帶來便捷和高效的學習體驗。

- 隨時隨地練習：數位助手能讓用戶在任何時間、地點進行語言練習，無需尋找語言伙伴或報名課程。

- 對話模擬：數位助手可以模擬各種真實場景，如商務會議、旅行對話等，讓學習者在模擬環境中練習口語，提高交流能力。

- 語音識別與反饋：數位助手具有語音識別功能，能夠即時識別用戶的發音，並提供發音指導和改正，幫助學習者提高語言水平。

- 知識擴充：數位助手可以根據用戶的需求和興趣，提供針對性的語言學習資源，如詞彙、語法、俚語等，豐富學習內容。

- 互動式學習：數位助手透過問答、角色扮演等互動方式，讓語言學習過程變得更有趣，提高學習者的學習動力和效果。

數位助手在語言學習與翻譯方面的應用，特別是語言練習和對話模擬功能，為學習者提供了便捷、高效的學習方式。透過數位助手的支持，學習者能更好地提高自己的語言能力，進一步拓展跨文化交流的視野。

14-6-2　即時翻譯與跨語言溝通

　　在全球化越來越普及的情況下，跨語言溝通變得越來越重要。數位助手在語言學習和翻譯領域的應用，尤其是即時翻譯和跨語言溝通功能，為用戶帶來了巨大的便利，打破了語言障礙，提高了溝通效率。

- **即時翻譯**：數位助手能夠快速將用戶的語言翻譯成其他語言，並將對方的回答翻譯回用戶的母語，實現即時、高效的跨語言溝通。

- **多語言支持**：數位助手支持多種語言，包括主流語言和地區性語言，讓用戶能夠在全球範圍內進行無障礙交流。

- **語音和文字翻譯**：數位助手既能夠進行語音翻譯，又能進行文字翻譯，滿足不同用戶的需求。

- **文化差異調整**：數位助手在翻譯過程中，能夠對文化差異進行適當的調整，讓溝通更加順暢。

- **隱私保護**：數位助手在翻譯過程中對用戶的隱私進行保護，確保跨語言溝通的安全性。

　　數位助手在即時翻譯和跨語言溝通方面的應用，讓人們能夠克服語言障礙，更好地進行跨文化交流。數位助手的即時翻譯功能不僅提高了溝通效率，還為全球合作、旅行和學術交流帶來了巨大的便利。

14-6-3　文化教育與旅遊指南

隨著人們對不同文化的好奇心和對旅遊的熱愛不斷增長，數位助手在文化教育和旅遊指南方面發揮了重要作用。它們提供了豐富的資訊，幫助用戶更好地了解和適應不同的文化背景，從而讓旅行變得更加充實和愉快。

- 文化教育：數位助手提供各種文化背景資料，包括歷史、藝術、宗教等，幫助用戶更深入地了解目的地的文化特徵。

- 旅遊建議：數位助手根據用戶的興趣和需求，提供旅遊景點、餐廳、住宿等方面的建議，並提供詳細的路線指引。

- 語言支持：數位助手為用戶提供目的地的常用短語和表達，幫助他們在旅行中更好地與當地人交流。

- 當地活動：數位助手可提供當地節慶、表演、展覽等活動的資訊，讓用戶更好地融入當地文化。

- 安全提示：數位助手提醒用戶注意目的地的安全事項，如緊急聯繫方式、治安狀況等，以確保旅行安全。

數位助手在文化教育和旅遊指南方面的應用為用戶提供了便捷的資訊和建議，讓他們更好地了解世界各地的文化特色和風俗習慣。這不僅豐富了人們的旅行體驗，還促進了跨文化理解和交流，有助於搭建全球友誼的橋樑。

第 15 章

智慧城市與 AI：提高生活品質和城市運作效率

　　智慧城市與 AI 的結合正在徹底改變我們的城市生活，從交通出行到能源環境、公共安全、城市規劃、社會服務，以及政府與市民互動等各個方面，大幅提高生活品質和城市運作效率。本章將深入探討 AI 技術如何推動智慧城市的發展，展示未來城市的美好願景，期待為城市建設和發展提供新的思路和方向。

15-1 交通與出行

15-1-1　即時交通資訊與路況預測

　　隨著城市化進程的加速，交通擁堵和出行困難成為了普遍問題。智慧城市和 AI 技術的結合為解決這些問題提供了新的思路。本小節將重點介紹即時交通資訊與路況預測在智慧城市交通與出行方面的應用。

- 即時交通資訊收集：利用物聯網設備和感測器，即時收集道路交通資訊，包括車輛數量、速度等。運用大數據分析技術，對收集到的數據進行整合和處理。

- 路況預測：利用 AI 技術，如機器學習和深度學習，對交通數據進行分析，預測未來路況。透過預測，提前為公眾提供出行建議和避免擁堵路段的資訊。

- 智慧路網優化：根據即時交通資訊和路況預測，智慧調整紅綠燈控制策略，提高道路通行效率。規劃合理的出行路線，減少擁堵現象，提升整體交通效率。

- 資訊共享與服務：透過移動應用程式或者網站，向市民提供即時交通資訊和路況預測結果，便於出行決策。為

交通管理部門提供數據支持，有助於制定科學的交通規劃和政策。

智慧城市與 AI 技術在交通與出行領域的結合，實現了即時交通資訊收集和路況預測，有助於改善城市交通狀況和提高出行效率。未來，隨著技術的不斷發展，我們有望看到更多創新應用，使城市交通變得更加智慧和便捷。

15-1-2 智慧交通信號控制

智慧城市的發展正在改變人們的生活方式，尤其是交通與出行方面。AI 技術在智慧交通信號控制方面的應用，為提高道路通行效率和減少交通擁堵帶來了革新性的解決方案。本小節將介紹**智慧交通信號控制**在智慧城市交通與出行方面的應用。

- **即時數據收集**：利用物聯網設備和感測器，即時監測道路交通流量、速度等資訊。對收集到的數據進行即時分析，了解道路狀況。

- **智慧調整信號控制策略**：根據即時數據，運用 AI 技術智慧調整紅綠燈信號的時長，優化通行效率。利用機器學習算法，讓信號控制系統自動學習並適應各種交通狀況，提高智慧控制的精確性。

- **協同控制與優化**：將各個交通信號點聯接起來，實現協同控制，降低擁堵程度。結合公共交通和應急車輛需求，優先為其提供綠燈通行，確保交通秩序和安全。

- **與其他智慧交通系統集成**：與其他智慧交通應用（如路況預測、智慧導航等）集成，實現更加智慧化的交通管

理。提供即時交通資訊給市民和交通管理部門，以便制定更合理的出行計劃和交通規劃。

智慧交通信號控制作為智慧城市交通與出行的重要組成部分，透過即時數據收集、智慧調整信號控制策略、協同控制與優化以及與其他智慧交通系統集成，有效地提高了道路通行效率並降低了交通擁堵。未來，隨著 AI 技術的不斷發展和智慧城市建設的深入推進，智慧交通信號控制將在解決城市交通問題中發揮更大的作用，為市民帶來更便捷、高效的出行體驗。

15-1-3 自動駕駛與共享出行

隨著科技的快速發展，智慧城市正在改變人們的交通與出行方式。自動駕駛和共享出行作為新興的交通方式，將 AI 技術與出行服務相結合，為解決城市交通問題提供了新的可能。下列將介紹**自動駕駛與共享出行**在智慧城市交通與出行方面的應用。

- **自動駕駛技術**：利用 AI 技術實現車輛的自主駕駛，減少人為失誤和提高道路安全性。藉由機器學習和深度學習，使自動駕駛車輛能夠應對各種複雜的道路環境和交通狀況。

- **共享出行服務**：透過共享出行平台，為市民提供便捷的租賃和共乘服務，降低出行成本。利用大數據分析用戶需求，即時調整共享車輛分布，提高資源利用率。

- **整合自動駕駛與共享出行**：將自動駕駛技術應用於共享出行服務，提供無人駕駛的共享車輛，節省人力成本。自動駕駛共享車輛可根據即時交通狀況自主調整路線，提高出行效率。

- **與智慧城市交通系統協同作用**：自動駕駛與共享出行與
  智慧城市的交通管理系統互聯，實現更高效的道路資源
  利用。為城市交通規劃提供數據支持，協助制定更合理
  的交通政策和措施。

　　自動駕駛與共享出行在智慧城市交通與出行方面的應用，
為城市交通帶來革新性變化。透過整合自動駕駛技術和共享出行
服務，以及與智慧城市交通系統的協同作用，這些新興的交通方
式有助於提高道路資源利用率，降低出行成本，並提升城市交通
效率。隨著技術的不斷成熟和應用範疇的擴大，自動駕駛與共享
出行將在未來智慧城市建設中發揮更大的作用，為人們帶來更便
捷、安全和環保的出行體驗。

15-2　能源與環境

15-2-1　智慧電網與節能技術

　　智慧城市對能源與環境的需求不斷提高，AI 技術在此領域的
應用為實現可持續發展提供了有力支持。智慧電網與節能技術作
為重要的能源管理手段，結合 AI 技術，可以提高能源效率並減
少環境污染。下列將介紹**智慧電網與節能技術**在智慧城市能源與
環境方面的應用。

- **智慧電網**：運用 AI 技術即時監控和調整電網運行狀況，
  提高電力供應的穩定性和可靠性。透過數據分析預測用
  電需求，實現供需平衡，避免能源浪費。

- **分布式能源與微電網**：結合太陽能、風力等可再生能源，
  構建分布式能源和微電網系統。利用 AI 技術實現分布式

能源的有效管理和調度，提高能源利用效率。

● **節能技術**：運用 AI 技術進行建築節能設計，優化建築結構和材料，降低能耗。智慧家居系統利用 AI 技術實現家庭用電設備的智慧調控，降低家庭能耗。

● **能源與環境數據分析**：利用大數據和機器學習技術對能源消耗和環境狀況進行分析和預測。由數據分析結果，制定相應的能源政策和環保措施，促進可持續發展。

智慧電網與節能技術在智慧城市能源與環境管理方面發揮著重要作用。透過 AI 技術的應用，實現對電網運行的即時監控、分布式能源的調度以及節能設計的優化，有助於提高能源效率並降低環境污染。此外，數據分析技術的運用有助於預測能源需求和環境變化，從而制定合適的能源政策和環保措施，推動城市可持續發展。隨著智慧城市建設的深入推進，智慧電網和節能技術將在未來城市能源與環境管理中扮演越來越重要的角色，為實現綠色、低碳、高效的城市發展目標貢獻力量。

15-2-2　廢物管理與回收

隨著城市化進程的加速，廢物管理與回收成為智慧城市發展的重要課題。AI 技術在此領域的應用為提高廢物處理效率和實現資源化利用提供了新的可能。下列將介紹 AI 技術在智慧城市能源與環境領域中廢物管理與回收方面的應用。

● **智慧分類與回收**：利用機器視覺和深度學習技術實現廢物自動分類，提高分類效率和資源回收率。智慧垃圾桶及回收站可自動識別和分類廢物，方便市民投放。

- **廢物處理與資源化利用**：運用 AI 技術優化廢物處理流程，提高廢物轉化為能源和原材料的效率。利用數據分析預測廢物產生量，指導廢物處理廠合理規劃生產和運營能源。智慧化的廢水處理和空氣淨化設施，實現對污染物的有效去除和資源回收。

- **物聯網與智慧物流**：利用物聯網技術實現對廢物回收、運輸和處理的全程監控，降低運營成本。運用 AI 技術優化廢物回收物流路線，提高運輸效率，降低環境影響。

- **數據分析與決策支持**：利用大數據分析技術對廢物產生、回收和處理數據進行挖掘，為決策者提供支持。根據數據分析結果，制定合適的廢物管理政策和措施，推動循環經濟和可持續發展。

　　AI 技術在智慧城市廢物管理與回收領域的應用對提高廢物處理效率、資源化利用和環境保護具有重要意義。透過智慧分類與回收、優化廢物處理流程、物聯網與智慧物流以及數據分析與決策支持等方面的創新應用，AI 技術有助於推動智慧城市在廢物管理與回收方面實現更高效、環保和可持續的發展。未來，隨著技術的進一步發展和智慧城市建設的推進，AI 將在廢物管理與回收領域發揮更大的作用，促使城市走向更綠色、環保和可持續的未來。

15-2-3　空氣質量監測與改善

　　隨著城市化進程的加快和工業化程度的提高，空氣質量問題日益嚴重。智慧城市需要透過 AI 技術在空氣質量監測與改善方面取得突破，以確保城市居民的健康和生活品質。下列將探討 AI 技術在智慧城市空氣質量監測與改善方面的應用。

- **空氣質量監測**：利用物聯網技術部署智慧空氣質量監測站，即時監測各類污染物。運用大數據和機器學習技術對空氣質量數據進行分析和預測。

- **污染源識別與控制**：運用 AI 技術分析污染源，識別重點污染企業和區域。由數據分析結果，制定針對性的污染控制政策和措施，有效降低污染排放。

- **智慧預警與應對**：利用 AI 技術對空氣質量異常情況進行預警，即時通報市民。根據預警資訊，制定緊急應對措施，降低污染事件對市民健康的影響。

- **綠色出行與低碳發展**：運用 AI 技術優化交通管理，減少機動車對空氣質量的影響。鼓勵低碳發展和綠色出行，降低城市碳排放，改善空氣質量。

- **空氣淨化技術應用**：運用 AI 技術協助研究和開發新型空氣淨化技術，提高空氣淨化效果。將空氣淨化設施與智慧建築相結合，實現室內外空氣質量的有效改善。

AI 技術在智慧城市空氣質量監測與改善方面具有重要應用價值。透過空氣質量監測、污染源識別與控制、智慧預警與應對、綠色出行與低碳發展以及空氣淨化技術應用等方面的創新應用，AI 技術有助於綜合解決城市空氣質量問題，確保城市居民的健康和生活品質。未來，隨著技術進一步發展和智慧城市建設的深入推進，AI 將在空氣質量監測與改善領域發揮更大的作用，為建設綠色、可持續的城市環境提供有力支持。

15-3 公共安全與緊急應對

15-3-1 視頻監控與智慧分析

公共安全和緊急應對是智慧城市建設的重要組成部分。隨著 AI 技術的發展，視頻監控和智慧分析在公共安全與緊急應對領域的應用日益廣泛。下列將探討 AI 在**智慧城市視頻監控**與**智慧分析方面**的應用及其對提高公共安全水平的影響。

- **即時視頻監控**：利用物聯網技術部署高清智慧視頻監控設備，即時監控城市各個區域。運用 AI 技術進行視頻數據的壓縮和傳輸，降低網絡帶寬需求。

- **智慧分析與識別**：利用機器學習和深度學習技術，對視頻數據進行即時分析和目標識別。精確識別異常行為和潛在威脅，實現早期預警和即時應對。

- **大數據與情報分析**：運用大數據技術對視頻數據進行整合和分析，挖掘潛在安全風險。利用 AI 技術生成情報報告，為決策者提供有效支持。

- **跨部門協作與緊急應對**：建立視頻監控與智慧分析相結合的緊急應對體系。利用 AI 技術協助跨部門協作，提高緊急應對效率和精準度。

AI 技術在智慧城市視頻監控與智慧分析方面具有重要應用價值，有助於提高公共安全水平。透過即時視頻監控、智慧分析與識別、大數據與情報分析以及跨部門協作與緊急應對等方面的創新應用，AI 技術可有效提升城市安全防範能力，並在緊急情況下實現快速應對。未來，隨著技術的進一步發展和智慧城市建設的

推進，AI 將在視頻監控與智慧分析領域發揮更大的作用，為城市居民創造更安全、和諧的生活環境。

15-3-2　犯罪預防與警察部署

在智慧城市建設中，公共安全與緊急應對是不可忽視的重要環節。AI 技術的發展為犯罪預防和警察部署提供了強大的支持，提高了城市安全管理的水平。下列將探討 AI 在智慧城市犯罪預防與警察部署方面的應用及其對提高公共安全的影響。

- 犯罪預測與分析：運用大數據技術對歷史犯罪數據進行分析，提取犯罪規律和趨勢。利用機器學習算法對未來犯罪活動進行預測，實現犯罪預防。

- 智慧警察部署：根據犯罪預測結果，合理調配警力資源，提高犯罪防範能力。運用 AI 技術優化警察巡邏路線，實現高效巡邏和快速反應。

- 社交媒體與網絡監控：利用 AI 技術對社交媒體和網絡進行監控，即時發現潛在的犯罪活動。分析網絡言論，提前識別犯罪威脅，為犯罪預防提供有力支持。

- 情報收集與分享：運用 AI 技術自動整合和分析不同部門和平台的情報資料，提高情報共享效率。生成情報報告，為決策者提供有力支持，協助犯罪防範和打擊。

AI 技術在智慧城市犯罪預防與警察部署方面具有重要應用價值，對提高公共安全水平起著關鍵作用。透過犯罪預測與分析、智慧警察部署、社交媒體與網絡監控以及情報收集與分享等方面的創新應用，AI 技術有助於優化警力資源分配、提高犯罪防範能

力和反應速度。隨著技術的進一步發展和智慧城市建設的推進，AI 將在犯罪預防與警察部署領域發揮更大作用，有望為城市居民創造更安全、和諧的生活環境。

15-3-3　災害預警與應急管理

　　智慧城市的建設需要對公共安全和緊急應對進行有效管理，特別是在面對自然和人為災害時。AI 技術在災害預警與應急管理方面具有巨大潛力，有助於提高災害應對的效率和降低災害帶來的損失。下列將探討 AI 在智慧城市的**災害預警與應急管理**方面的應用。

- **災害預警**：利用 AI 技術對氣象、地震等數據進行分析，提高災害預警的準確性和時效性。結合地理資訊系統（GIS, Geography Information System）和遙感技術，實現對災害區域的精確定位和監測。

- **應急管理**：AI 技術可協助制定應急預案，根據不同類型的災害情景提供相應的應對策略。即時分析災害影響範圍，為應急救援部署提供決策支持。

- **救援資源調度**：利用 AI 算法優化救援資源分配，提高救援效率。協助規劃最佳救援路線，確保救援人員和物資迅速到達受災現場。

- **災後重建與評估**：AI 技術可協助評估災害對基礎設施和建築物的影響，指導災後重建工作。分析災害應對過程中的數據，為未來災害防範提供經驗教訓。

AI 技術在智慧城市的災害預警與應急管理方面具有重要價值。透過對災害數據的分析、應急預案制定、救援資源調度以及災後重建與評估等環節的應用，AI 技術有助於提高城市在面對自然和人為災害時的應對能力和效率。隨著 AI 技術的不斷發展和智慧城市建設的推進，未來將有更多的創新應用和解決方案出現，以滿足城市在災害預警與應急管理方面的需求，為居民提供更安全、穩定的生活環境。

15-4　城市規劃與基礎設施

15-4-1　數據驅動的城市規劃

隨著數據科技和 AI 技術的不斷發展，城市規劃和基礎設施建設面臨著前所未有的機遇和挑戰。數據驅動的城市規劃可以讓城市更加智慧、高效和宜居。下列將探討在智慧城市建設中，數據驅動的城市規劃的重要性和應用。

- **數據收集與分析**：利用物聯網（IoT）技術，收集城市交通、環境、能源等方面的數據。應用大數據和 AI 技術，對城市數據進行深度分析，挖掘潛在規律和趨勢。

- **預測與模擬**：由數據分析結果，進行城市發展趨勢的預測和模擬，提供城市規劃的科學依據。運用 AI 技術進行場景模擬，評估不同規劃方案對城市環境、交通和經濟的影響。

- **優化基礎設施布局**：根據數據分析結果，合理規劃城市基礎設施，如道路網絡、公共交通、綠地等。提高城市資源的利用率，縮短出行時間，提高居民生活品質。

- **智慧調整與管理**：利用即時數據，對城市規劃方案進行智慧調整，以應對城市發展中的變化和挑戰。透過智慧管理系統，即時監控城市基礎設施運行狀況，提前預警潛在問題，降低風險。

數據驅動的城市規劃在智慧城市建設中具有重要價值。透過數據收集與分析、預測與模擬、優化基礎設施布局以及智慧調整與管理，城市規劃將更加科學、高效且具有遠見。隨著 AI 技術和數據科技的進一步發展，數據驅動的城市規劃將為智慧城市的建設與發展帶來更多創新和機遇，提升城市的宜居性和可持續發展能力。

15-4-2　智慧建築與設施管理

智慧建築與設施管理是智慧城市與 AI 結合的一個重要領域，旨在提高建築物和城市設施的運行效率、節能環保以及居民的生活品質。這小節將探討智慧建築與設施管理在智慧城市中的作用和應用。

- **能源管理**：運用物聯網（IoT）和 AI 技術，即時監測建築物的能源消耗情況。根據數據分析結果，智慧調節建築物的能源使用，提高能源效率。

- **環境監測與控制**：利用感測器收集室內環境數據，如溫度、濕度、空氣質量等。依據 AI 算法，自動調節空調、照明和通風等設施，以維持室內舒適度和節省能源。

- **安全與保安**：利用視頻監控與 AI 圖像識別技術，即時監控建築物的安全狀況。即時警報潛在安全隱患，如火災、闖入等，提高安全性能。

- **智慧設施維護與管理**：運用數據分析和預測性維護，提前發現潛在設施問題，降低設施故障風險。自動分配維護資源，提高設施維護效率。

　　智慧建築與設施管理在智慧城市中扮演著關鍵角色，它能夠提高能源管理效率、環境監測與控制能力，同時提升安全與保安水平。

15-4-3　物聯網與連接性

　　物聯網（IoT）和連接性技術在智慧城市的建設與發展中具有核心地位，它們可以實現城市設施、基礎設施以及居民的互聯互通，提高城市運營能力和居民生活品質。下列將探討**物聯網與連接性**在智慧城市中的作用和應用。

- **城市設施智慧化**：透過感測器和無線通信技術，即時監測和傳輸城市設施運行數據。利用 AI 分析數據，對城市設施進行智慧調度和管理。

- **基礎設施優化**：應用物聯網技術收集基礎設施使用情況數據，以指導城市規劃和基礎設施投資。提高公共交通、能源、水務等基礎設施的運營能力和效率。

- **智慧交通系統**：利用物聯網技術收集道路交通數據，即時了解交通狀況。運用 AI 分析交通數據，優化交通信號控制和路網規劃。

- **智慧家居與建築物管理**：透過物聯網連接家庭和辦公設備，實現遠程控制和自動調節。提高居民生活品質和建築物能源效率。

- **緊急應對與公共安全**：物聯網技術即時監測潛在危險，如火災、洪水等。快速調度緊急救援資源，提高公共安全水平。

物聯網與連接性在智慧城市中具有重要作用，它們可以實現城市各領域的互聯互通，提高城市運營能力和居民生活品質。從城市設施智慧化、基礎設施優化到智慧交通系統、智慧家居與建築物管理以及緊急應對與公共安全等方面，物聯網和連接性技術的應用為智慧城市的發展提供了強大的支持。隨著物聯網和 AI 技術的進一步發展，未來的智慧城市將更加智慧、綠色和宜居。

15-5　社會服務與公共資源

15-5-1　教育與醫療資源配置

智慧城市的建設旨在提高城市居民的生活品質，其中，教育與醫療資源配置是社會服務與公共資源管理的重要方面。透過運用 AI 技術，我們可以更有效地分配教育與醫療資源，使其更加普惠並滿足居民的需求。下列將探討 AI 在教育與醫療資源配置方面的應用和影響。

- **教育資源配置**：數據分析和預測模型指導教育資源投入，包括師資、硬體設施等。在線教育平台促使教育資源共享，打破地域限制。AI 輔助教學，為學生提供個性化的學習方案，提高教育質量。

- **醫療資源配置**：運用數據分析和預測模型，合理分配醫療人員和設備，提高醫療效率。遠程醫療服務，讓居民在家中即可獲得專業醫療支持，降低醫療資源需求壓力。

AI 輔助診斷，提高醫療準確性，並將專家級別的醫療資源拓展至基層醫療機構。

- **整合教育和醫療資源**：建立數據共享平台，實現教育和醫療資源資訊互通。鼓勵跨學科合作，促使教育和醫療領域的創新與發展。

智慧城市透過 AI 技術，對教育與醫療資源進行有效配置，提升城市居民的生活品質。在教育方面，AI 有助於實現資源共享，並提供個性化教育方案；在醫療方面，遠程醫療服務和 AI 輔助診斷可以提高醫療效率，同時降低對醫療資源的需求壓力。未來的智慧城市將更加注重整合教育和醫療資源，實現數據共享和跨學科合作，以滿足居民多元化的需求，並推動城市持續發展。

15-5-2　智慧公共服務與社會保障

智慧城市利用 AI 技術不僅可以改善基礎設施和生活品質，還可以促進公共服務與社會保障的智慧化。透過數據分析和預測，智慧城市能夠提供更加精準和高效的服務，滿足市民的需求。

- **智慧政務服務**：在線辦理政府業務，提高辦事效率，節省市民時間。利用 AI 分析市民需求，優化政府政策和服務。

- **智慧社會保障**：運用大數據和 AI 技術，精確預測和規劃社會保障資源。自動審核和發放社會救助金，降低行政成本。

- **智慧就業與培訓**：AI 助力就業市場分析，協助求職者找到合適的工作。提供個性化的職業培訓和技能提升方案，促進勞動力市場發展。

- **智慧照顧與福利**：透過 AI 技術，對老年人、殘疾人及其他弱勢群體提供定制化的照顧服務。利用數據分析，為弱勢群體提供更合適的福利政策和資源。

- **智慧社區管理**：應用 AI 技術實現社區資源共享，提高資源利用率。透過數據分析，對社區內的公共設施進行智慧維護和管理。

智慧城市在社會服務與公共資源方面的應用，可以促使政府和社會組織提供更高效、更精準的服務，滿足市民不同需求。在未來的城市發展中，AI 將發揮越來越重要的作用，推動智慧城市向更高水平發展。這將不僅有助於提升市民的生活品質和滿意度，還能夠促進社會和諧和經濟增長。然而，同時我們也需要關注數據隱私和安全問題，確保在發展智慧城市的過程中充分保護市民的隱私權益。透過不斷優化和創新，智慧城市將為人類帶來更美好的未來。

15-5-3　文化活動與社區參與

隨著智慧城市的發展，人工智慧技術在文化活動和社區參與方面的應用也日益增多。透過 AI 技術的支持，城市能夠提供更加豐富多樣的文化活動，激發市民的創造力，同時加強社區凝聚力和市民參與。

- **城市文化活動推薦**：利用 AI 算法分析市民的興趣和喜好，為他們提供個性化的文化活動推薦。透過數據挖掘，預測市民對不同文化活動的需求，協助城市規劃更具吸引力的活動。

- **智慧文化資源管理**：利用 AI 技術對城市文化資源進行智慧管理，提高資源利用率。應用機器學習技術對文化遺產進行數字化保存，以便研究和展示。

- **虛擬文化體驗**：利用虛擬現實（VR）和擴增現實（AR）技術，為市民提供身臨其境的文化體驗。運用 AI 技術實現虛擬導覽，讓市民能夠在家中欣賞各類文化活動和展覽。

- **社區互動平台**：建立以 AI 技術為基礎的社區互動平台，方便市民在線上分享和交流文化活動心得。利用自然語言處理（NLP）技術，分析市民的反饋和建議，以改進城市文化活動的質量。

- **社區活動組織**：透過 AI 協助社區組織各類活動，包括志願者活動、環保倡議和社區互助等，提高活動的效率和參與度。利用機器學習分析社區活動的參與者數據，協助活動組織者更有效地分配資源和人員。

- **鼓勵市民創新與參與**：使用 AI 技術分析市民的創意和建議，以協助城市管理者進行決策。運用 AI 技術為市民提供創新空間，如智慧工作坊、數字藝術中心等，激發市民的創造力和參與意識。

　　智慧城市中，AI 技術在文化活動和社區參與方面具有重要的應用價值。透過個性化推薦、智慧管理和虛擬體驗等方式，AI 有助於提高市民的文化生活質量和參與度。同時，AI 技術還能協助城市管理者更有效地規劃和組織各類活動，讓城市的文化活動和社區建設更加多元化、充滿活力。在未來的智慧城市中，AI 將不

斷促進文化活動的創新和市民參與的提升，為城市的發展注入新的活力。

15-6　政府與市民參與

15-6-1　透明度與數據共享

隨著智慧城市的發展，AI 技術在政府和市民參與方面的應用日益突顯。其中，提高政府運作的透明度和數據共享對於提高市民信任、促進公共參與和城市發展具有重要意義。下列將介紹 AI 在提高政府透明度和數據共享方面的應用。

- 政府運作透明化：AI 技術可以協助政府部門更高效地處理大量數據，對政策制定和執行進行即時監控，從而提高政府運作的透明度。這將有助於市民更好地了解政府的決策過程和政策成果，提高對政府的信任度。

- 數據共享平台：建立開放數據平台，讓市民能夠輕鬆獲取各類政府數據，包括經濟、社會、環境等方面的資訊。這將有助於提高市民對政府政策的理解，並激發創新與合作。

- 智慧政務服務：AI 技術可協助政府提供更高效、便捷的政務服務，例如，透過智慧客服、自動化審批流程等方式，大幅提高政府服務的水平和市民滿意度。

- 增強市民參與：利用 AI 技術，政府可以更好地收集和分析市民意見，以便在政策制定過程中充分考慮市民需求和建議。此外，透過社交媒體和移動應用程式等渠道，

政府可以與市民保持即時互動，即時回應市民的問題和
關切。

● 民生問題預警：AI 技術能夠對大量數據進行深度分析，
　預警可能影響民生的問題，如環境污染、公共安全等，
　使政府能夠即時採取措施，保障市民利益。

　　AI 技術在智慧城市中的應用對提高政府運作透明度、促進數
據共享具有重要作用。未來，隨著 AI 技術的不斷發展和智慧城
市建設的深入推進，政府與市民參與將更加緊密，政府運作將更
加高效和透明。這將有助於建立一個更加民主、開放、創新的城
市發展環境，使市民在城市規劃與發展中發揮更大作用，共同為
建設宜居、可持續、智慧的城市而努力。

15-6-2　市民意見徵集與反饋

　　在智慧城市建設中，政府與市民的互動和參與至關重要。
AI 技術在此方面發揮了重要作用，尤其在市民意見徵集和反饋方
面，有助於提高決策品質和服務水平。下列將探討 AI 如何促進
市民意見徵集和反饋在智慧城市中的應用。

● 線上意見徵集平台：透過建立線上意見徵集平台，利用
　AI 技術對市民意見進行分析和整理，使政府能夠更快、
　更準確地瞭解市民需求和期望，從而制定更加合理和有
　效的政策。

● 社交媒體監控：AI 技術可以幫助政府追蹤和分析社交媒
　體上的市民言論，即時瞭解市民對政策和服務的反饋，
　便於政府即時調整策略，提升市民滿意度。

- **自然語言處理**：透過使用自然語言處理技術（NLP），AI 可以自動識別和分類市民的意見，讓政府更好地理解市民的需求和關切，並在政策制定和服務提供過程中予以充分考慮。

- **智慧客服與問答系統**：利用 AI 技術建立智慧客服和問答系統，為市民提供更高效、便捷的政府服務。這將有助於即時收集市民的反饋，並根據市民的需求調整政策和服務。

- **虛擬社區參與**：透過虛擬現實（VR）和擴增現實（AR）技術，讓市民以更直觀的方式參與城市規劃和建設，從而收集更多的市民意見，為政府提供更加全面的決策依據。

AI 技術在智慧城市中的應用，有助於提升政府與市民之間的互動和參與。市民意見徵集和反饋的過程變得更加高效，確保政府能夠更好地了解市民需求，制定出更符合市民期望的政策。未來，隨著 AI 技術的進一步發展，智慧城市將會為市民帶來更加便捷、高效的生活體驗，而市民也將在城市發展過程中發揮更大的作用。在這個過程中，政府、企業和市民需要攜手合作，確保數據安全和隱私保護，促進智慧城市的可持續發展。

15-6-3　在線政府服務與行政效率

智慧城市利用 AI 技術提高政府服務水平，以便更有效地滿足市民需求。在線政府服務作為智慧城市的一個重要組成部分，可以大幅提高行政效率，改變政府與市民互動的方式。以下將詳細介紹 AI 對於在線政府服務和行政效率方面的影響。

- **數位化政府服務**：AI 技術可協助政府將傳統的政府服務數字化，使市民在網絡平台上就能辦理各種業務，如繳稅、繳費、許可證申請等，減少了市民的等待時間和成本。

- **自動化辦公**：AI 可以將繁瑣的行政工作自動化，如文檔整理、資料查詢等，讓政府工作人員專注於更高價值的工作，提高整體行政效率。

- **智慧客服與問答系統**：AI 可協助政府建立智慧客服和問答系統，讓市民隨時獲得政策資訊和解答疑問，提高政府服務的可及性和滿意度。

- **數據分析與預測**：AI 技術能夠幫助政府更好地分析數據，預測市民需求，從而制定更有效的政策和服務，以滿足市民需求。

- **即時反饋與持續改進**：AI 可以幫助政府即時收集市民對政府服務的反饋，並根據市民需求調整政策和服務，實現持續改進。

- **公共資源合理配置**：AI 技術可以協助政府更精確地評估市民需求，以合理配置公共資源，例如，根據數據分析預測未來城市建設的需求，從而提前規劃相應的基礎設施。

- **增強政策制定能力**：AI 可以對大量數據進行深入分析，協助政府制定更加精確和有效的政策，以應對各種城市問題和挑戰。

- **強化政府監管能力**：利用 AI 技術，政府可以加強對各類
  市場行為的監管，確保市場秩序和公共利益。

智慧城市利用 AI 技術提升政府與市民之間的互動，實現在
線政府服務和提高行政效率。透過數字化政府服務、自動化辦公、
智慧客服與問答系統、數據分析與預測以及即時反饋與持續改進
等方面，AI 在線政府服務正改變著政府運作的方式，讓市民享受
到更加便捷、高效的政府服務。

第四篇

展望 ChatGPT 和 AI 的新趨勢

第 16 章

下一代 AI 模型 GPT-5 的潛力與未來

隨著 AI 技術的持續發展，GPT-5 作為下一代語言模型備受期待。該模型在繼承 GPT-4 優異性能的基礎上，將為人類帶來更高的智慧與協同潛力。GPT-5 將在語言理解、知識擷取、創意生成等方面取得更大突破，並有望為各行各業帶來顯著的變革。透過不斷改進 AI 模型，我們將能更好地利用這一強大工具，探索無限可能。

16-1　GPT-5 的背景與發展

16-1-1　GPT 系列的演變：從 GPT 到 GPT-5

GPT 系列語言模型在 AI 領域取得了顯著的成就，成為了自然語言處理的代表性技術。GPT-5 作為最新一代語言模型，其背景與發展值得深入探討。

- GPT：作為第一代模型，GPT 在自然語言生成與理解方面取得初步成果，開創了 AI 語言模型的新篇章。

- GPT-2：以 GPT 為基礎，GPT-2 擴展了模型規模，提高了生成文字的質量，使模型具有更強的語言生成能力。

- GPT-3：GPT-3 進一步擴大了模型規模，達到了更高的語言理解與生成水平，並在多個應用領域展示了卓越性能。

- GPT-4：該模型在前幾代的基礎上，提升了知識儲存與擷取能力，使 AI 能更好地理解與回應用戶需求。

- GPT-5：作為最新一代語言模型，GPT-5 將在性能、智慧與協同潛力等方面取得更大突破。

隨著 GPT 系列的演變，我們可以看到語言模型在技術與應用上的進步。GPT-5 作為最新一代模型，將繼續拓展 AI 語言模型的邊界，為各行各業帶來更多機遇與挑戰。

16-1-2　OpenAI 的研究方向與目標

自 OpenAI 成立以來，該機構一直致力於 AI 研究，旨在實現友善 AI 和人類整體利益的發展。GPT 系列語言模型便是 OpenAI 研究成果的典型代表。以下是 OpenAI 在 GPT 系列演變過程中的主要研究方向與目標。

- 可擴展性：OpenAI 始終關注 AI 模型的可擴展性，透過增加模型規模和參數，提高模型在自然語言處理任務上的表現。

- 多功能性：OpenAI 旨在創建具有多功能性的 AI 模型，使其在各種自然語言處理任務中均具有卓越表現，例如文字生成、概括、翻譯等。

- 安全性：隨著 AI 模型能力的增強，OpenAI 也專注於研究和解決潛在的安全問題，以降低語言模型在生成有害或不實資訊的風險。

- 普惠性：OpenAI 以人類整體利益為核心目標，希望研究成果能惠及各行各業，推動各領域的創新與發展。

- 模型解釋性：OpenAI 強調模型的解釋性，希望提高 AI 模型的可解釋性和可理解性，使人類能更好地理解和運用 AI 技術。

OpenAI 透過持續創新和研究，推動 GPT 系列語言模型的發展。GPT-5 將在性能、安全性和多功能性等方面取得更大突破，為人類與 AI 的協作開創更多可能。

16-1-3　GPT-5 相對於 GPT-4 的改進

GPT-5 是 OpenAI 繼 GPT-4 之後的最新一代語言模型，該模型在多個方面實現了顯著改進，進一步提升了 AI 在自然語言處理任務中的性能。以下是 GPT-5 相對於 GPT-4 的主要改進：

- **規模擴大**：GPT-5 在模型規模和參數量上進行了擴充，相比 GPT-4 更為龐大，進一步提高了對自然語言的理解能力。

- **預訓練與微調技術**：GPT-5 在預訓練和微調階段採用了更先進的技術和方法，使其在各種 NLP 任務中的表現更加出色。

- **知識整合**：GPT-5 對知識庫和大型文字資料的整合能力進行了優化，使其能更好地理解和回答各類問題。

- **靈活性與適應性**：GPT-5 在應對多樣化需求方面表現出更高的靈活性和適應性，能更好地適應用戶需求和場景變化。

- **安全性提升**：GPT-5 在內容生成方面的安全性得到了加強，降低了生成有害或不實資訊的風險。

總之 GPT-5 在 GPT-4 的基礎上進行了多方面的優化和提升，使其在自然語言處理能力、應對多樣化需求、安全性等方面具有更大的優勢。這將有助於 AI 在各行業的應用，並為人類與 AI 的協作帶來更多可能。

16-2　GPT-5 的技術創新

16-2-1　更大的模型規模與計算能力

GPT-5 作為 OpenAI 的最新語言模型，其在技術創新方面實現了顯著進步。其中，更大的模型規模和計算能力是推動其在自然語言處理領域取得更好成果的關鍵因素。以下是 GPT-5 在模型規模和計算能力方面的主要特點：

- **參數數量增加**：GPT-5 相比於 GPT-4 在參數數量上有顯著提升，這有助於提高模型的表達能力，更好地捕捉語言中的細節和規律。

- **高效的硬體和算法**：GPT-5 在開發過程中，利用了先進的硬體和算法，如高性能 GPU 和 TPU，有效地處理了更大規模模型帶來的計算壓力。

- **分布式訓練技術**：GPT-5 採用了先進的分布式訓練技術，將模型訓練分散到多個節點，進一步提高計算效率和訓練速度。

- **優化的架構設計**：GPT-5 在架構設計上進行了優化，提高了模型的運行速度和效果，並降低了記憶體和儲存需求。

GPT-5 透過更大的模型規模和計算能力，有效地提高了對自然語言的理解和生成能力。這將有助於應對更多語言處理場景，並為各行業的 AI 應用帶來更多可能。未來，隨著技術的不斷進步，我們有理由期待 GPT-5 及其後續版本在自然語言處理領域取得更顯著的突破。

16-2-2　更豐富的訓練數據和資源

　　GPT-5 在技術創新方面的另一重要進步是利用了更豐富的訓練數據和資源。這不僅提高了模型的性能，還為其在不同領域和應用中的廣泛應用提供了基礎。以下是 GPT-5 在訓練數據和資源方面的主要特點：

- **大規模語料庫**：GPT-5 採用了更大規模的語料庫進行訓練，涵蓋了眾多領域的知識，從而提高了模型的知識涵蓋範圍和泛化能力。

- **多語言支持**：GPT-5 在訓練過程中，加入了多語言數據，使其具有更強的跨語言理解和生成能力，為全球範圍內的用戶帶來更好的支持。

- **即時數據更新**：GPT-5 的訓練數據集保持即時更新，使模型能夠跟上時代的變化，更好地應對新的挑戰和需求。

- **引入專家知識**：GPT-5 在訓練數據中加入了來自各行各業專家的知識和經驗，使模型更加具有專業性和可靠性。

- **提高數據質量**：GPT-5 在數據清洗和處理過程中，採取了更嚴格的質量控制標準，確保模型訓練所依賴的數據具有高度的可信度和準確性。

- **優化訓練策略**：GPT-5 使用了先進的訓練策略和技巧，例如動態調整學習率、自適應樣本權重等，進一步提升了模型的性能和泛化能力。

　　總結起來 GPT-5 在技術創新方面，透過使用更豐富的訓練數據和資源，為提高模型性能和擴展應用範疇創造了條件。這些創

新使得 GPT-5 在多種語言、領域和應用場景中展現出卓越的性能，為人類與 AI 協作提供了更強大的支持。

未來，隨著更多數據和資源的加入，GPT-5 的應用範疇將更加廣泛，涵蓋從自然語言處理、知識檢索、創意產業到科研、金融、教育等各個領域。此外，GPT-5 將在智慧對話、個性化推薦等方面取得更多突破，為用戶帶來更加貼心的服務。

在人工智慧的發展過程中，GPT-5 的技術創新和訓練數據資源的豐富，為構建更加強大的 AI 系統奠定了基礎。同時，這也為 AI 與人類更加緊密的協作提供了可能，讓我們共同迎接更美好的未來。

16-2-3　新的優化算法與技術

隨著人工智慧的快速發展，GPT-5 在新的優化算法和技術方面取得了顯著的進步。這些創新使得 GPT-5 在各個應用領域表現出卓越的性能，為人類與 AI 的協作提供了強大的支持。

- 高效的訓練技術：GPT-5 採用了一些創新的技術，如混合精度訓練和梯度累積，以提高模型的訓練效率，降低硬體成本，並加速模型收斂。

- 自適應學習率調整：GPT-5 利用先進的自適應學習率調整策略，使模型能夠更快地適應不同的數據集和任務，提高學習的準確性和效率。

- 增強的注意力機制：GPT-5 採用了新型的注意力機制，可以捕捉更長距離的語境依賴關係，提高了模型在長文字理解和生成上的性能。

- **更好的多模態學習能力**：GPT-5 具有更強大的多模態學習能力，能夠在同一個模型中結合文字、圖像、音頻等多種數據類型，實現跨模態的知識融合與應用。

- **模型可解釋性的提升**：GPT-5 在模型可解釋性方面也取得了一定的進展，使得用戶可以更好地理解模型的工作原理和推理過程，提高信任度和使用體驗。

總之 GPT-5 在新的優化算法和技術方面的創新為 AI 模型的發展帶來了突破性的改進。

16-3 GPT-5 在自然語言處理中的應用

16-3-1 文字生成與翻譯

GPT-5 在自然語言處理領域具有巨大的潛力，特別是在文字生成與翻譯方面。憑借其卓越的語言理解能力，GPT-5 能為這些任務帶來更高的效率和準確性。

- **文字生成**：GPT-5 在自動生成合成文字方面表現出色，可以應對不同領域的需求，包括創意寫作、新聞撰寫、產品描述等。其生成的文字流暢、自然且具有語境一致性，使其在各種應用場景中具有廣泛的價值。

- **翻譯**：GPT-5 在機器翻譯方面具有顯著的優勢，不僅能在多種語言之間實現高品質的翻譯，還能理解和適應各種語言的語境和語言風格。這使得 GPT-5 在提供準確翻譯的同時，也能保持文字的原始語境和風格。

　　GPT-5 在自然語言處理的應用，特別是文字生成和翻譯方面，已經達到了一個前所未有的水平。隨著模型的進一步改進和優化，GPT-5 將繼續為語言處理任務帶來更多的創新和價值。

16-3-2　問答系統與對話管理

　　GPT-5 在自然語言處理方面的應用範疇相當廣泛，其中在問答系統和對話管理方面的表現尤為引人注目。憑藉其深厚的語言理解和生成能力，GPT-5 有潛力顯著提高這些領域的效能。

- 問答系統：GPT-5 在問答系統方面展示了強大的潛力，能夠快速理解用戶的問題並給出精確的答案。模型能夠從大量的知識庫中提取所需資訊，並以自然、流暢的方式呈現結果，無論是常識性問題還是專業領域的問題，GPT-5 都能夠滿足用戶需求。

- 對話管理：GPT-5 在對話管理方面的應用也取得了顯著的成果。模型能夠識別不同對話情境，並根據上下文和用戶意圖做出適當的回應。此外，GPT-5 還能夠保持對話的連貫性和一致性，提高用戶與 AI 之間的交互體驗。

　　GPT-5 在自然語言處理領域，特別是問答系統和對話管理方面，表現出了顯著的潛力和價值。隨著 AI 技術的進一步發展和優化，GPT-5 有望為這些應用領域帶來更多創新和效益。

16-3-3　語意理解與情感分析

　　GPT-5 作為自然語言處理領域的先進模型，在語意理解和情感分析方面也展現出了非凡的潛力。憑藉其強大的語言理解能力

和複雜的上下文分析，GPT-5 能夠深入挖掘文字中的隱含資訊，
為各類應用提供強有力的支持。

- **語意理解**：GPT-5 具有卓越的語意理解能力，可以從文
字中捕捉到隱含的資訊和潛在聯繫。這使得 GPT-5 可以
為各種應用提供高度精確的文字解讀，包括摘要生成、
知識圖譜構建以及資訊檢索等領域。

- **情感分析**：GPT-5 在情感分析方面也展示了高度的效能。
模型可以準確地識別文字中的情感色彩，如正面、負面
或中性等，並對其進行量化評估。這對於社交媒體監控、
客戶評價分析以及市場研究等應用具有重要價值。

綜上所述，GPT-5 在自然語言處理領域的語意理解和情感分
析方面具有顯著的優勢。隨著這一技術的不斷完善和發展，我們
有理由相信 GPT-5 將在未來為語言理解和情感分析等方面帶來更
為豐富的應用場景。

16-4　GPT-5 在其他領域的潛在應用

16-4-1　電腦視覺與圖像生成

GPT-5 作為一款具有強大語言生成能力的 AI 模型，其在電
腦視覺與圖像生成領域的潛在應用也引起了極大的興趣。儘管
GPT-5 的主要焦點在自然語言處理上，但它在圖像處理領域也展
現出了一定的潛力。

- **圖像語義理解**：GPT-5 可以透過自然語言表述對圖像進
行描述，從而實現圖像語義理解。這有助於應對如自動

圖像標注、視覺問答等挑戰，並為有盲人輔助技術等應用提供支持。

- **圖像生成**：GPT-5 也可以根據文字描述生成相應的圖像。雖然目前 GPT-5 在這方面的能力還有待提高，但隨著技術的進步，這一功能可能在未來成為現實。這將對廣告設計、遊戲開發等領域產生重大影響。

- **圖像與文字間的多模態學習**：透過將 GPT-5 與電腦視覺模型相結合，可以實現圖像與文字間的多模態學習，進一步提升模型在圖像描述、圖像檢索等任務上的性能。

雖然 GPT-5 主要針對自然語言處理，但它在電腦視覺與圖像生成領域的應用潛力不容忽視。隨著技術的不斷發展，GPT-5 有望在這些領域實現更多創新應用，推動整個 AI 產業的進步。

16-4-2　聲音識別與語音合成

GPT-5 作為一個強大的自然語言處理模型，不僅在文字生成和理解方面表現出色，還具有在聲音識別與語音合成等領域應用的潛力。這些潛在應用將在語音助手、無障礙技術等方面發揮重要作用。

- **聲音識別**：GPT-5 可以用於提高語音識別系統的準確性，透過將聲音轉換成文字，以便進行後續的自然語言處理。這對於智慧家居、客服機器人等應用有著重要意義。

- **語音合成**：GPT-5 在語音合成方面具有潛力，能夠將文字轉換成語音輸出，為語音助手和無障礙設施提供更自然的語音表達，為用戶帶來更好的體驗。

- **語音情感分析**：GPT-5 可以在語音中識別出情感，進而實現情感分析。這對於客戶服務、心理健康應用等領域具有重要價值。

- **語音翻譯**：GPT-5 有望實現即時語音翻譯，幫助用戶跨語言交流，進一步促進全球化的發展。

GPT-5 在聲音識別與語音合成等領域具有廣泛的應用潛力。隨著技術的不斷完善，GPT-5 有望為語音助手、無障礙技術等領域帶來革命性的變革，提升人們的生活品質。

16-4-3　推薦系統與個性化服務

隨著 AI 技術的不斷發展，GPT-5 作為一個先進的自然語言處理模型，除了在語言和視覺領域展現出驚人的潛力外，還有望在推薦系統和個性化服務等領域發揮重要作用。這將有助於提供更加貼合用戶需求的內容，為用戶帶來更好的體驗。

- **內容推薦**：GPT-5 可用於分析用戶的瀏覽歷史、興趣偏好等數據，為用戶提供精準的內容推薦，例如新聞、視頻和音樂等。這將有助於提高用戶黏性，並提升用戶滿意度。

- **個性化廣告**：GPT-5 可分析用戶行為數據，以生成個性化廣告，提高廣告投放的有效性。這對於線上零售商和廣告商來說具有重要價值。

- **智慧客服**：GPT-5 可以協助提供個性化的客服服務，透過理解用戶的問題和需求，快速生成合適的解答。這將有助於提升客戶滿意度，降低人工客服成本。

- **用戶介面優化**：GPT-5 可以分析用戶對不同介面元素的互動情況，協助設計師根據用戶需求優化產介面。這有助於提高產品易用性，增加用戶留存率。

- **教育個性化**：GPT-5 可以根據學生的學習狀況和需求，提供個性化的教學資源和策略，以提高學生的學習效果和興趣。

- **健康護理個性化**：GPT-5 可以分析用戶的健康數據，為用戶提供個性化的健康建議和護理方案，以改善用戶的健康狀況。

GPT-5 作為一個強大的 AI 模型，有望在推薦系統和個性化服務等領域發揮重要作用，為用戶帶來更加貼合需求的體驗。此外，GPT-5 在這些領域的應用還有助於提高企業效率，降低成本，實現更好的業務增長。然而，我們應該意識到，隨著 AI 技術在各個領域的應用日益深入，相關的隱私和安全問題也不容忽視。因此，研究者和開發者需要在創新的同時，重視保護用戶隱私和數據安全，確保 AI 技術的可持續發展。

在未來，GPT-5 等 AI 模型可能會不斷優化，提供更加智慧、更具人性化的個性化服務。隨著技術的進步和應用場景的擴大，AI 將更好地協助人類實現各個領域的價值創造，為人類的發展帶來更多的可能性。

16-5 GPT-5 的道德倫理與挑戰

16-5-1 數據隱私與安全問題

　　隨著 AI 模型不斷地發展與進步，GPT-5 作為 GPT-4 的升級版，無疑為人類帶來了巨大的便利。然而，GPT-5 在提高智慧和效率的同時，也面臨著道德倫理與挑戰，尤其是數據隱私與安全問題。下列將簡要介紹 GPT-5 在這方面所涉及的問題及挑戰。

- **數據隱私**：GPT-5 模型在訓練過程中涉及大量數據，可能泄露用戶隱私資訊。可能在輸出結果中泄露訓練數據集中的敏感資訊，需要採用差分隱私等技術來保護用戶數據。

- **數據安全**：GPT-5 可能被惡意用戶利用，進行虛假資訊傳播、網絡攻擊等行為。模型可能受到對抗性攻擊，影響其正常運作和預測能力。需要實施更嚴格的安全措施和監管，防止不法分子利用模型進行危害。

- **道德倫理挑戰**：GPT-5 在生成內容時可能產生具有偏見或歧視性的結果，引發道德爭議。模型可能被用於生成有害內容，如虛假新聞、操縱輿論等。開發者和使用者需要承擔相應的道德責任，確保 AI 技術的合理運用。

- **法律法規挑戰**：不同國家和地區對 AI 模型的管理政策不一，可能對 GPT-5 的國際應用造成困擾。模型可能觸犯相關知識產權，如著作權、專利權等。應制定相應的法律法規，確保 AI 模型在符合法律規定的前提下進行發展和應用。

- **公平性與可解釋性**：GPT-5 在應用過程中需確保對所有用戶的公平對待，避免因算法偏見導致不公平現象。提高模型的可解釋性，使開發者、使用者和受益者能更好地理解模型的運作原理和潛在風險。

GPT-5 雖然帶來了巨大的便利，但在數據隱私、安全、道德倫理等方面的挑戰不容忽視。為了確保模型的可持續發展和安全應用，我們需要採取有效措施加強數據保護，提高安全性，並在道德倫理、法律法規以及公平性與可解釋性方面投入更多精力。只有在充分應對挑戰的基礎上，GPT-5 等 AI 模型才能真正造福人類社會。

16-5-2　偏見檢測與消除

AI 模型在為人類帶來便利的同時，也可能不經意地滋生偏見。GPT-5 作為一個先進的語言生成模型，雖然在很多方面表現出色，但在偏見檢測與消除方面仍面臨著挑戰。本小節將對 GPT-5 在這方面的問題及相關挑戰進行概述。

- **模型訓練中的偏見問題**：GPT-5 從大量文字數據中學習，可能吸收數據中的偏見和歧視性觀念。由於訓練數據集可能存在不平衡，導致模型生成結果存在偏見。

- **偏見檢測方法**：實施對訓練數據的審查，消除存在偏見和歧視性的內容。運用公平性評估工具，對模型生成的結果進行定期檢測。

- **偏見消除技術**：採用去偏見算法，對模型的訓練過程進行優化，以降低偏見產生的可能性。結合多元文化背景

的數據，使模型能夠充分理解和尊重各種文化差異。透過對抗性訓練，使模型具有更強的抵禦偏見的能力。

- **應對策略**：增加模型的透明度，讓使用者和開發者能更好地理解模型內部運作。建立多方共同參與的偏見消除機制，以確保模型的公平性。提高對 AI 技術的道德和法律意識，引導合理使用和發展。

GPT-5 在偏見檢測與消除方面的挑戰需要引起我們的高度重視。透過採取相應的檢測方法、消除技術和應對策略，我們可以降低 AI 模型帶來的潛在風險。在這個過程中，開發者、使用者和社會各界需共同努力，提高對 AI 技術的道德和法律意識，確保 GPT-5 等 AI 模型的公平性和正確應用。只有在解決這些挑戰的基礎上，GPT-5 才能真正為人類帶來更多福祉，推動 AI 技術的可持續發展。

16-5-3　能源消耗與環境影響

AI 模型，尤其是 GPT-5 這樣的大型語言模型，在帶給人類方便和智慧化的同時，也帶來了能源消耗和環境影響方面的問題。下列將對 GPT-5 在這方面的挑戰及其可能帶來的環境問題進行概述。

- **能源消耗問題**：GPT-5 的訓練和運行過程需要大量計算資源，導致高能源消耗。數據中心運行時產生的熱量需要額外的冷卻系統，增加能源開支。

- **環境影響**：高能源消耗導致碳排放增加，對全球氣候變化造成影響。資源過度消耗可能導致能源危機，影響可持續發展。

- 能源效率改進措施：優化算法和模型架構，降低計算資源需求，提高能源效率。運用輕量級模型和分布式計算技術，降低單一設備的能源消耗。採用能源回收和再利用技術，減少數據中心的冷卻系統能耗。

- 綠色能源選擇：選擇使用可再生能源，如太陽能、風能等，降低碳排放。提倡綠色數據中心，運用綠色建築和綠色運營管理，降低對環境的影響。

GPT-5 等 AI 模型在能源消耗和環境影響方面的挑戰應引起足夠重視。透過改進能源效率、選擇綠色能源，以及提倡綠色數據中心等措施，我們可以降低 AI 模型對環境的負面影響，實現可持續發展。在這一過程中，開發者、使用者以及政府和社會各界需共同努力，提高環境保護意識，推動綠色技術和綠色運營。只有在解決這些挑戰的基礎上，GPT-5 和其他 AI 模型才能真正推動人類社會的發展，同時保護我們賴以生存的地球家園。

16-6 GPT-5 的未來發展方向

16-6-1 模型的可解釋性與可靠性

GPT-5 作為一個先進的 AI 語言模型，在很多方面已經取得了顯著的成果。然而，要使其在未來發展中更具價值和應用前景，我們需要重視模型的可解釋性和可靠性。本小節將對 GPT-5 在這兩方面的未來發展方向進行探討。

- 提高可解釋性：研究和開發新的解釋性算法，使人們能夠更好地理解模型的運作原理。提供可視化工具，幫助開發者和使用者探索模型的內部結構和特徵。

- **加強可靠性**：透過對抗性訓練和機器學習安全技術，提高模型的抵禦攻擊能力。實施更嚴格的質量控制，確保模型在不同應用場景下的穩定性和性能。

- **建立多重驗證機制**：在模型設計和開發過程中，引入多方專家和利益相關者的意見，確保模型的可靠性和公平性。鼓勵開放合作，共享模型的驗證數據和評估結果，以提高模型的可信度。

- **規範模型應用**：制定相應的法律法規和道德準則，指導 AI 模型的合理使用和發展。建立應用風險評估機制，即時識別和防範潛在風險。

　　GPT-5 的未來發展應著重在提高模型的可解釋性和可靠性方面。透過研究新的解釋性算法、加強可靠性、建立多重驗證機制和規範模型應用，我們可以使 GPT-5 等 AI 模型更具價值和應用前景。

16-6-2　協同學習與跨模態學習

　　隨著 AI 技術的快速發展，GPT-5 這樣的語言生成模型在未來發展中需探索更多創新領域。協同學習和跨模態學習是兩個具有潛力的研究方向，下列將對 GPT-5 在這兩方面的未來發展進行探討。

- **協同學習**：實現多個 AI 模型之間的協同學習，相互學習與分享知識，提高學習效果。建立全球範圍內的模型聯合學習網絡，擴大學習範疇，提高模型的適應性。

- **跨模態學習**：開發具有跨模態學習能力的模型，使其能夠理解和生成不同類型的數據，如圖像、音頻和視頻等。透過跨模態學習，實現對不同數據源的深度理解和融合，拓寬模型的應用範疇。

- **技術創新**：研究和開發新的算法和架構，以支持協同學習和跨模態學習的實現。運用先進的硬體技術，提高協同學習和跨模態學習的計算效率和性能。

- **應用場景拓展**：將協同學習和跨模態學習應用於各行業，如醫療、教育、娛樂等，為人類帶來更多便利。透過創新的應用方式，激發 AI 技術的潛能，實現更多的創造性成果。

GPT-5 在未來發展中應積極探索協同學習和跨模態學習等方向，以實現更高效的學習能力和更廣泛的應用場景。技術創新和應用場景拓展將成為推動這一發展的關鍵因素。在這一過程中，研究人員、開發者以及相關行業需要共同努力，積極探索新的技術和方法，確保 GPT-5 等 AI 模型能夠更好地服務於人類社會，推動科技進步。

16-6-3　人類與 AI 的協作與融合

隨著 AI 技術的蓬勃發展，GPT-5 等語言生成模型正不斷拓寬應用領域。在未來的發展中，人類與 AI 的協作與融合將成為重要趨勢。下列將探討 GPT-5 在這方面的未來發展方向。

- **人類與 AI 協作**：建立人類與 AI 協作的框架，使人類能夠與 GPT-5 等 AI 模型進行有效互動，實現更高效的問

題解決。運用 GPT-5 協助人類進行創新和創意工作，提高生產效率和質量。

- **融合人類智慧**：將人類的專業知識和經驗融入 GPT-5 等 AI 模型，提高模型的準確性和適應性。開發能夠理解人類情感和需求的 AI 模型，為人類提供更加人性化的服務。

- **教育與培訓**：針對不同年齡和職業的人群，開展 AI 教育和培訓，提高人類對 AI 的運用能力。透過與 GPT-5 等 AI 模型的協作學習，提升人類的專業技能和創新能力。

- **法律與道德規範**：制定相應的法律法規，確保人類與 AI 協作的安全與合法性。建立道德標準，指導 AI 模型的發展，確保其在人類與 AI 協作中的道德責任。

在未來的發展中，GPT-5 等 AI 模型應積極探索人類與 AI 的協作與融合，實現互相補充和共同進步。透過建立協作框架、融合人類智慧、開展教育培訓以及制定法律與道德規範，我們可以確保人類與 AI 在協作中取得更大的成果，共同推動科技和社會的進步。

第 17 章

跨模態 AI：結合視覺、聽覺和語言的未來

　　這一章將探討跨模態 AI 的未來趨勢。在這個時代，人工智慧不僅僅局限於單一模態，而是結合視覺、聽覺和語言等多種感知方式。這將帶來更加智慧、高效且自然的互動體驗，為人類開創全新的應用場景。讓我們一起領略這場跨模態 AI 的奇妙之旅，並探索它將如何改變我們的生活和工作方式。

17-1　跨模態 AI 的概念與背景

17-1-1　什麼是跨模態 AI？

　　在當今科技日益發展的時代，跨模態 AI 已經成為一個重要的研究領域。跨模態 AI 旨在結合多種感知模態，例如視覺、聽覺和語言，為人類帶來更為智慧且自然的互動體驗。下列我們將探討跨模態 AI 的概念、背景以及它如何應用於現實生活中。

- 跨模態 AI 的定義：跨模態 AI 是指將不同感知模態（如視覺、聽覺和語言等）融合在一起，以便更有效地理解和處理人類互動和環境資訊的人工智慧技術。

- 背景：隨著深度學習、神經網絡和大數據技術的發展，人工智慧進入了一個新的時代，這使得跨模態 AI 的研究成為可能。

- 傳統 AI 與跨模態 AI 的區別：傳統 AI 通常專注於單一模態的感知和處理，而跨模態 AI 則透過整合多種感知模態來實現更高層次的智慧和理解。

　　跨模態 AI 的出現將人工智慧領域帶入了一個全新的篇章。透過對多種感知模態的整合，跨模態 AI 能夠更好地理解人類的

需求，從而提供更為智慧和自然的互動體驗。無論是在日常生活中的應用，還是在專業領域的實踐，跨模態 AI 都將為人類開創一個更加美好的未來。

17-1-2　為什麼跨模態 AI 很重要？

跨模態 AI 作為一個新興的研究領域，在當今科技快速發展的背景下日益受到重視。跨模態 AI 為人工智慧賦予了更為全面和深入的理解能力，使其在各個方面都能發揮更大的作用。下列將探討跨模態 AI 的重要性及其對社會和經濟的潛在影響。

- 更自然的人機互動：跨模態 AI 能夠更好地理解和解釋多模態資訊，從而實現更自然、更直觀的人機互動體驗，提高用戶滿意度。

- 提高智慧系統的準確性：透過整合不同感知模態的資訊，跨模態 AI 可以提高智慧系統對複雜現實世界情景的理解能力，進而提高其預測和判斷的準確性。

- 擴展應用領域：跨模態 AI 能夠應用於各種領域，如醫療、教育、交通等，透過綜合分析多模態資訊，為用戶提供更加精確和個性化的服務。

- 提高無障礙設施的可用性：跨模態 AI 可以幫助提高無障礙設施的可用性，使其更好地為視障、聽障等特殊群體提供服務，提高他們的生活質量。

- 創造新的商業機遇：跨模態 AI 的應用將帶來新的商業機遇，推動創新型產品和服務的開發，進一步促進經濟增長。

跨模態 AI 在科技領域的重要性不言而喻。它不僅能夠提高人機互動的自然度，提高智慧系統的準確性，還能拓展應用領域，為特殊群體提供更好的服務，並創造新的商業機遇。

17-1-3　跨模態 AI 的發展歷程

跨模態 AI 的發展歷程反映了人工智慧領域的演變，從早期的單一模態到現今的多模態整合。我們將回顧跨模態 AI 的發展歷程，探討其重要里程碑和技術演進。

- **早期的單一模態 AI**：早期的 AI 研究主要集中在單一模態，如語言、視覺或聽覺等。研究者致力於解決特定領域的問題，例如圖像識別、語音識別和自然語言處理。

- **深度學習的興起**：2006 年以後，深度學習技術的出現為跨模態 AI 的發展奠定了基礎。透過多層神經網絡的設計，深度學習能夠對各種模態的數據進行高效的特徵學習和表示，為跨模態資訊的結合提供了可能。

- **跨模態表示學習**：隨著深度學習技術的普及，研究者開始將其應用於跨模態表示學習。透過共享隱藏層表示，這些方法可以實現多模態數據的聯合學習，如圖像與文字、視頻與音頻等。

- **多模態資訊融合**：跨模態 AI 的發展促使研究者探索多模態資訊融合技術。這些技術透過將來自不同模態的特徵或表示結合在一起，實現了對多模態數據的統一處理，提高了 AI 系統的性能。

- **點對點跨模態學習**：近年來，點對點跨模態學習技術逐漸成為主流。這些方法透過直接學習從輸入到輸出的映

射，可以充分利用深度學習模型的能力，同時避免了人為設計特徵的局限性。

跨模態 AI 的發展歷程反映了人工智慧領域的演進與多模態整合的趨勢。從早期的單一模態研究到深度學習的興起，再到多模態資訊融合和點對點跨模態學習，跨模態 AI 已經取得了顯著的成果，並在各個領域展示了其潛力。

17-2 跨模態 AI 的主要應用

17-2-1 圖像標註與描述生成

跨模態 AI 作為一種多模態資訊處理技術，在眾多領域中都有著廣泛的應用。本文將重點介紹跨模態 AI 在圖像標註與描述生成領域的主要應用。

- 圖像標註：透過自動分析圖像內容並為其分配相應的標籤，可以幫助改善圖像檢索和分類的效果。跨模態 AI 在此過程中可以整合視覺和語言資訊，更有效地理解圖像內容。

- 物體檢測：識別圖像中的不同物體並將其分類。

- 圖像分割：將圖像分割成具有相似特徵的區域，以便於進一步處理和標註。

- 描述生成：自動生成描述圖像內容的自然語言句子，可以幫助用戶快速瞭解圖像資訊，並提高無障礙設施的可用性。

- **圖像語意理解**：跨模態 AI 將視覺和語言資訊結合，以更好地理解圖像中的場景、物體和動作。

- **語言生成**：利用自然語言生成技術，根據圖像語意資訊創建具有語境的描述。

　　跨模態 AI 在圖像標註和描述生成領域的應用不僅提高了圖像處理和理解的效果，還為無障礙服務和智慧搜索提供了強大支持。未來，隨著跨模態 AI 技術的進一步發展，我們有理由期待在這一領域取得更多突破。

17-2-2　視覺問答系統

　　跨模態 AI 結合視覺和語言資訊處理，可以應用於多個領域，其中之一便是視覺問答系統，下列將介紹視覺問答系統的概念以及其在實際應用中的重要性。

　　視覺問答系統能夠根據用戶提出的自然語言問題，對圖像進行分析並生成相應的回答，跨模態 AI 在此過程中將視覺和語言資訊緊密結合，提高回答的準確性。

- **圖像理解**：對圖像進行深度分析，提取場景、物體和動作等資訊。

- **問題理解**：對用戶提出的問題進行語義分析，以確定問題的核心意圖。

視覺問答系統在多個領域中都有廣泛的應用價值。

- **教育**：為學生提供互動式學習體驗，幫助他們更好地理解圖像和文字資訊。

- **醫療**：協助醫生分析醫學圖像，提高診斷的準確性和效率。

- **智慧助手**：為用戶提供個性化的資訊查詢和圖像解讀服務。

　　跨模態 AI 在視覺問答系統中的應用為用戶提供了更加智慧化和個性化的服務。未來隨著技術的進一步發展，跨模態 AI 在視覺問答系統等方面將具有更大的潛力和創新空間。

17-2-3　語音識別與語音合成

　　跨模態 AI 不僅涉及視覺和語言資訊的融合，還包括對語音數據的處理。語音識別和語音合成是跨模態 AI 在語音領域的兩個重要應用。下列將介紹這兩種技術及其在實際應用中的作用，在語音識別方面是將語音信號轉換為可讀的文字或進行語意理解的技術：

- **音頻預處理**：對音頻數據進行降噪和特徵提取。

- **語言建模**：以大量語料訓練的概率語言模型為基礎，用於計算文字序列的概率。

- **即時應用**：語音識別技術廣泛應用於語音助手、語音搜索和語音翻譯等領域。

- **語音合成**：將文字資訊轉換為自然語音信號的技術。

　　在文字處理方面是對文字進行語義和語法分析，確定適當的語音合成參數，可參考下列說明：

- **聲音生成**：以深度學習模型生成具有自然語調和節奏的語音信號。

- **多樣性語音合成**：透過控制語音合成參數，生成具有不同語調、速度和音量的語音信號。

　　總結來說跨模態 AI 在語音識別和語音合成方面的應用為人們提供了更加智慧化和個性化的語音互動體驗。隨著技術的不斷發展，未來跨模態 AI 將在語音領域帶來更多創新和實用的應用。

17-2-4　視覺對話與語音對話

　　跨模態 AI 在視覺對話和語音對話方面的應用進一步強化了人機交互的自然度和效率。視覺對話和語音對話利用深度學習技術，使得機器能夠更好地理解和回應用戶需求。以下將分別介紹視覺對話和語音對話的特點及其在實際應用中的作用。在視覺對話方面，結合圖像和語言資訊進行互動的對話系統。

- **圖像理解**：對圖像進行分析和描述，提取視覺特徵。
- **語言理解**：對用戶提出的問題進行語義分析和解釋。
- **回答生成**：依據圖像和語言資訊，生成合適的回答。
- **應用場景**：視覺對話技術可用於客服支持、教育和訓練等領域。
- **語音對話**：透過語音進行互動的對話系統。

　　在語音識別方面，是將語音信號轉換為可讀的文字或進行語意理解，可以參考下列說明。

- **語言理解**：對用戶提出的語音問題進行語義分析和解釋。
- **回答生成**：根據用戶需求生成合適的回答。
- **語音合成**：將生成的回答轉換為自然語音信號。

- 　**應用場景**：語音對話技術廣泛應用於語音助手、客服機器人和智慧家居等領域。

　　跨模態 AI 透過視覺對話和語音對話為人們提供了更自然、直觀的互動方式，使得機器能夠更好地理解人類的需求並給出適當的回應。隨著技術的不斷成熟，跨模態 AI 在這些領域的應用將會更加廣泛和實用。

17-2-5　情感識別與分析

　　跨模態 AI 在情感識別與分析領域的應用有著巨大的潛力，能夠幫助機器更好地理解人類情感，從而提高人機交互的質量，下列分成 3 個領域簡要介紹跨模態 AI 在情感識別與分析方面的主要應用。

　　視覺情感識別方面，可分析圖像或視頻中的人物表情和姿勢。

- 　**表情識別**：透過機器學習和深度學習方法，識別人臉表情中的情感特徵。

- 　**姿勢識別**：分析人體姿勢和動作，以獲取情感資訊。

- 　**應用場景**：心理健康分析、廣告效果評估和智慧監控等。

語音情感識別方面，可分析語音信號中的情感特徵。

- 　**語音特徵提取**：提取語音信號中的聲音特徵，如音高、能量和語速等。

- 　**情感分類**：利用機器學習方法對語音信號進行情感分類。

- 　**應用場景**：客服評價、心理健康分析和語音助手等。

文字情感分析方面，可以分析文字中的情感特徵。

- **語義理解**：分析文字中的詞語和句子結構，以理解其情感含義。

- **情感分類**：透過自然語言處理技術對文字進行情感分類。

- **應用場景**：輿情分析、商品評價和客戶管理等。

跨模態 AI 在情感識別與分析領域具有廣泛的應用前景，透過對視覺、語音和文字等多種資訊的綜合分析，跨模態 AI 能夠更準確地識別和理解人類情感，從而提高人機交互的效果和體驗。

17-3 跨模態 AI 在特定領域的應用

17-3-1 醫療影像分析與診斷

跨模態 AI 在醫療領域的應用日益受到關注，特別是在醫療影像分析與診斷方面，具有巨大的潛力，下列將探討跨模態 AI 在醫療影像分析與診斷中的主要應用和挑戰。

- **影像分割和識別**：自動識別和劃分醫療影像中的感興趣區域。

- **深度學習方法**：使用卷積神經網絡（CNN）等技術進行影像特徵提取。

- **跨模態資訊融合**：結合來自不同影像模態的資訊，提高識別準確性。

- **輔助診斷**：根據影像資料提供病變定位和診斷建議。

- **模型訓練**：利用大量帶有專家診斷結果的標籤數據進行模型訓練。

- **應用場景**：腫瘤診斷、心血管疾病檢測和神經影像分析等。

- **預後評估**：根據影像資料和臨床資訊預測疾病發展和治療效果。

- **數據整合**：融合影像資料、病史和基因資訊等多元數據。

- **應用場景**：個體化治療規劃、疾病風險評估和病情監測等。

跨模態 AI 在醫療影像分析與診斷方面具有廣泛的應用前景。透過結合不同模態的影像資料和臨床資訊，跨模態 AI 能夠為醫生提供更全面、更準確的診斷建議，有助於提高醫療質量和病患的生活質量。然而，隨著技術的發展，也需要不斷解決資料隱私、模型可解釋性等挑戰，以確保其在醫療領域的安全。

17-3-2　自動駕駛與機器人視覺

在自動駕駛與機器人視覺領域，跨模態 AI 扮演了一個至關重要的角色。它能夠將視覺、聽覺和語言等多種模態的資訊進行整合和分析，提升自動駕駛系統和機器人對周圍環境的理解能力，從而提供更高效、安全的應用場景。

- **環境感知**：利用視覺、聽覺等感知能力，機器人和自動駕駛系統能更好地理解周圍環境，識別障礙物、行人和其他交通參與者。

- 即時適應：透過即時分析多種感測器數據，跨模態 AI 能夠幫助自動駕駛系統和機器人適應不同的道路和環境條件。

- 人機互動：跨模態 AI 能夠理解人類的語音、手勢等非語言信號，提高機器人與人類之間的自然互動。

- 協同工作：跨模態 AI 有助於提高機器人在協同工作中的表現，能夠更好地識別人類夥伴的意圖和需求。

跨模態 AI 在自動駕駛和機器人視覺領域的應用，能夠提高機器人和自動駕駛系統的性能，使其更好地適應各種環境條件，提高人機互動的自然度，以及促進協同工作的有效性。隨著技術的不斷發展，跨模態 AI 將為自動駕駛和機器人帶來更便利、安全的駕駛樂趣。

17-3-3　藝術與娛樂、音樂生成、動畫與遊戲

跨模態 AI 在藝術、娛樂、音樂生成、動畫和遊戲領域中的應用已經展現出了巨大的潛力，這些領域通常需要高度創意和吸引力，下列將討論跨模態 AI 如何在這些領域中發揮作用。

- 藝術與娛樂：跨模態 AI 能夠分析視覺和聽覺資訊，從而生成具有吸引力和獨特風格的藝術品。它可以幫助藝術家創建新的作品，或者為現有作品添加特殊效果。

- 音樂生成：跨模態 AI 可以分析音樂結構和風格，並根據用戶的喜好生成新的音樂。此外，它還可以透過語音合成技術創建虛擬歌手，從而擴展音樂創作的可能性。

- **動畫與遊戲**：跨模態 AI 可以在動畫和遊戲開發中發揮重要作用。透過理解視覺和聽覺資訊，AI 可以生成引人入勝的角色和場景。此外，AI 還可以用於動畫製作過程中的特效生成和場景渲染。

- **敘事生成**：跨模態 AI 可以分析文字、圖像和聲音，從而生成引人入勝的故事。這可以應用於電影、電視劇、廣告等多個領域，提高創作效率和產品質量。

- **AI 的遊戲設計**：跨模態 AI 可以幫助遊戲開發人員創建更具互動性的遊戲體驗。例如，AI 可以根據玩家的行為和偏好，生成定製的遊戲關卡和挑戰。此外，跨模態 AI 還可以用於處理遊戲中的語音和文字聊天，使玩家與虛擬角色進行更自然的互動。

- **虛擬現實和擴展現實**：跨模態 AI 在虛擬現實（VR）和擴展現實（AR）領域中具有廣泛的應用前景。AI 可以根據用戶的行為和環境生成富有趣味性的互動內容，提供沉浸式的娛樂體驗。

跨模態 AI 已經在藝術、娛樂、音樂生成、動畫和遊戲等領域展示出強大的應用潛力。隨著技術的不斷發展和創新，我們可以期待跨模態 AI 將為這些領域帶來更多新奇和令人驚喜的體驗。

17-3-4 智慧監控與安全應用

跨模態 AI 在智慧監控和安全應用方面具有巨大的潛力。隨著視頻監控技術的普及和進步，跨模態 AI 可以在多個方面提升監控系統的效果和效率，為安全和防範措施提供有力支持。以下是幾個跨模態 AI 在智慧監控與安全應用領域的主要應用：

- 行為識別：跨模態 AI 可以分析視頻中的人類行為，即時識別可疑活動或異常行為，並向相應人員發出警報。

- 人臉識別和生物特徵識別：跨模態 AI 可用於識別個體的面部特徵、聲音和行為模式，提高安全系統的辨識能力，從而達到對特定人員的精確追蹤和識別。

- 物品檢測：跨模態 AI 可以檢測視頻中的特定物品，例如在機場或火車站進行行李安檢，或者在商場監控盜竊行為。

- 交通管理：跨模態 AI 可以分析交通狀況，識別交通擁堵、事故等問題，並提供即時交通資訊，以優化城市交通管理。

- 語音識別與分析：結合語音識別技術，跨模態 AI 可以監聽和分析視頻中的聲音，例如識別鬧鐘、求救呼喚等特定聲音，以確保緊急情況得到即時處理。

- 監控場景分析：跨模態 AI 可以快速分析監控視頻和聲音，識別出異常行為、潛在風險和安全隱患，並即時報警，使安全監控變得更加智慧化。

- 智慧數據分析：跨模態 AI 可以對大量監控數據進行深入分析，挖掘其中的模式和趨勢，為安全預防提供有價值的資訊。

總之跨模態 AI 在智慧監控與安全應用方面具有廣泛的應用前景。

17-4　跨模態 AI 的挑戰與道德倫理

17-4-1　數據隱私與安全

隨著跨模態 AI 技術的發展和應用，數據隱私和安全問題成為越來越重要的挑戰。在這個領域，我們需要解決數據保護、機密性以及用戶隱私方面的問題。

- **大量數據收集**：跨模態 AI 系統需要大量數據進行訓練，而這些數據可能包含個人隱私資訊。因此，在收集和處理數據時需要確保合規性，尊重用戶的隱私權。

- **數據安全**：隨著越來越多的機器學習模型訓練在雲端進行，數據安全成為一個重要挑戰。企業需要確保數據在傳輸和儲存過程中不被泄露或操縱。

- **個人隱私保護**：跨模態 AI 技術可能會不經意地侵犯用戶的隱私，例如在視頻監控中辨識面部特徵。因此，開發者需要在設計模型時充分考慮隱私保護措施，如使用去識別化技術。

- **道德倫理**：跨模態 AI 技術可能會引發道德倫理問題，如機器生成的虛擬人物可能被用於欺詐或操縱輿論。因此，研究人員和企業需要對 AI 技術的應用進行道德審查，確保其用於正當目的。

總之跨模態 AI 技術在帶來巨大潛力的同時，也伴隨著數據隱私和安全方面的挑戰。

17-4-2　偏見檢測與消除

　　跨模態 AI 的快速發展在為人們帶來便利的同時，也引發了一系列挑戰和道德倫理問題。其中，偏見檢測和消除是一個重要方面，值得我們關注和思考。

- **數據源偏見**：AI 系統的學習數據可能存在偏見，這將導致機器學習到的模型具有不公平性。要消除這種偏見，需要從數據收集和處理過程著手，保證數據的多樣性和公正性。

- **算法偏見**：算法本身可能具有隱性偏見，導致模型產生歧視性結果。解決這一問題需要深入研究算法原理，探討如何讓算法更具公平性。

- **監管與道德框架**：建立跨模態 AI 的監管和道德框架，確保技術應用在符合道德和法律原則的範疇內，避免滋生不公平現象。

- **多元參與**：鼓勵多元化的開發團隊和利益相關者參與 AI 技術的研究和開發，以確保各種利益和需求得到充分的考慮，減少潛在的偏見。

　　跨模態 AI 在為人們帶來便利和創新的同時，必須重視潛在的偏見問題。只有透過努力檢測和消除這些偏見，我們才能確保這些技術能夠真正地造福人類，實現公平和可持續的發展。

17-4-3　可解釋性與可靠性

　　跨模態 AI 技術在不斷取得突破的同時，其在可解釋性和可靠性方面的挑戰也引起了廣泛關注。要實現 AI 的負責任應用，

我們需要在這些方面作出努力。

- **可解釋性**：由於跨模態 AI 涉及多種數據類型，這使得模型的內部運作變得更加複雜，進而影響了其可解釋性。研究者需要探索新的技術和方法來提高模型的可解釋性，以便利益相關者能夠更好地理解模型的運作原理。

- **可靠性**：跨模態 AI 需要在不同模態之間進行資訊整合和判斷，這可能會帶來更高的錯誤風險。為了提高模型的可靠性，需要在訓練和測試過程中對模型進行充分的評估和驗證。

- **模型稽核**：建立專門的模型稽核流程，確保模型在上線之前經過嚴格的測試，以提高其可靠性和可解釋性。

- **用戶教育**：提高用戶對跨模態 AI 技術的理解，幫助他們學會如何在使用過程中識別和避免潛在的風險。

　　要充分發揮跨模態 AI 的潛力，我們需要關注並積極解決可解釋性和可靠性方面的挑戰。只有在確保這些技術真正安全、可靠並符合道德規範的前提下，跨模態 AI 才能真正為人類帶來更大的福祉。

17-5　跨模態 AI 的未來趨勢

17-5-1　更強大的跨模態特徵學習

　　跨模態 AI 正快速發展，未來趨勢將朝著更強大的跨模態特徵學習方向發展。這將有助於更好地理解和整合不同類型的數據，進一步提升 AI 系統的性能。

- 深度跨模態特徵學習：透過引入深度學習技術，可以有效提取和整合多模態資訊，使得跨模態特徵學習更加強大。

- 共享特徵空間：研究者將探索將不同模態的資訊投影到共享特徵空間的方法，以實現更有效的跨模態資訊整合。

- 非監督和弱監督學習：為了應對標籤數據不足的問題，未來跨模態 AI 將更加依賴非監督和弱監督學習方法。

- 多模態對抗生成網絡：透過多模態對抗生成網絡，可以在不同模態之間進行無縫轉換，進一步豐富跨模態特徵學習的應用場景。

- 元學習與知識蒸餾：利用元學習和知識蒸餾技術，可以實現跨模態模型的快速遷移學習和輕量化部署。

展望未來，跨模態 AI 將朝著更強大的跨模態特徵學習方向發展，這將為各行各業帶來更為豐富且高效的智慧應用。透過不斷創新和研究，我們有望在此基礎上實現更多突破，進一步提升 AI 技術在各個領域的應用價值。

17-5-2 通用 AI 與自適應系統

跨模態 AI 的未來趨勢之一是通用 AI 與自適應系統的發展，這將有助於應對各種不同場景的挑戰，並提高 AI 系統的適應性與泛化能力。

- 通用 AI：未來的跨模態 AI 將朝著通用 AI 的方向發展，使其能夠在多種不同的任務和領域中自主學習與適應，實現更廣泛的應用。

- **自適應系統**：為了應對不斷變化的數據和環境，跨模態 AI 將發展出更強大的自適應系統，以便在遇到新問題時能夠快速調整與適應。

- **個性化學習**：透過個性化學習技術，跨模態 AI 將能夠更好地理解用戶需求和偏好，從而提供更貼合個人需求的服務。

- **靈活的架構**：為了實現通用 AI 和自適應系統，跨模態 AI 將發展出更靈活的模型架構，以便在不同任務和場景下靈活切換。

- **人工與機器的協同學習**：透過與人類專家的協同學習，跨模態 AI 將能夠更好地理解人類知識和經驗，從而提高其適應性和泛化能力。

通用 AI 與自適應系統將是跨模態 AI 的重要未來趨勢，這將有助於提高 AI 系統的適應性與泛化能力，使其在各種不同場景中具有更高的應用價值。透過不斷創新與研究，我們將進一步推動跨模態 AI 技術的發展，並為社會帶來更多智慧化的應用與服務。

17-5-3　人類與 AI 的協作與融合

跨模態 AI 的發展將促使人類與 AI 的協作與融合，共同實現更高效的工作與創新，同時為未來的智慧社會打下基礎。

- **人類專家與 AI 的互補**：跨模態 AI 可以彌補人類在數據處理、計算和解決問題的能力上的不足，而人類專家則可以為 AI 提供寶貴的知識和創造力。

- **跨界協作**：跨模態 AI 可以促進不同領域的專家進行協作，共同解決複雜問題，開創新的解決方案。

- **即時反饋與學習**：人類與 AI 的協作將實現即時反饋與學習，讓 AI 更快地適應人類需求，並在實際應用中不斷完善自身。

- **情感互動**：跨模態 AI 將更好地理解和解讀人類情感，為人類提供更加貼心的服務，同時提升人類對 AI 的信任度。

- **教育與培訓**：人類與 AI 的協作將在教育與培訓領域發揮重要作用，為人類提供個性化的學習資源和指導，同時幫助人們適應技術變革。

跨模態 AI 的未來趨勢之一是人類與 AI 的協作與融合，這將有助於提升人類的工作效率和創新能力，並為智慧社會的建設奠定基礎。隨著技術的不斷創新與發展，我們有理由相信，人類與 AI 將共同開創更美好的未來。

第 18 章

聯邦學習與分散式 AI：
保護隱私的新方法

隨著人工智慧技術的快速發展，數據隱私和安全問題日益受到關注，聯邦學習與分散式 AI 應運而生，這些新方法旨在在保護個人隱私的同時，充分挖掘和利用海量數據的價值。本章將為您介紹聯邦學習與分散式 AI 的基本概念、應用場景以及未來發展趨勢，期待可以幫助您更好地理解這一新興領域。

18-1　聯邦學習的概念與背景

18-1-1　什麼是聯邦學習？

聯邦學習是一種新型機器學習方法，它允許多個數據擁有者在保護數據隱私的前提下，共同訓練機器學習模型。在這一過程中，數據不會離開各自的擁有者，只有梯度和模型參數會在參與者之間進行交流。以下是一些聯邦學習的要點：

- **分散式學習**：各參與方在本地設備上訓練機器學習模型，只共享部分模型參數，而不是原始數據。

- **數據隱私保護**：聯邦學習避免了數據集中儲存，降低了數據洩露的風險。

- **協作學習**：多個參與者共同訓練一個全局模型，從而提高模型的性能和泛化能力。

- **跨機構協作**：聯邦學習允許來自不同機構的數據擁有者，在法律法規允許的範圍內，共同開展機器學習項目。

聯邦學習作為一種新型的機器學習方法，旨在保護數據隱私的同時，充分利用分散式數據的價值。透過多方協作，聯邦學習有望在各行各業實現更高效、安全的機器學習應用。

18-1-2　聯邦學習的起源和動機

聯邦學習作為一種新型的機器學習方法，起源於對數據隱私和安全的需求。隨著大數據時代的來臨，機器學習在各個領域取得了巨大成功，但數據隱私和安全問題也日益凸顯。為了解決這些問題，聯邦學習應運而生。以下是聯邦學習起源和動機的一些要點：

- **數據隱私保護需求**：隨著個人數據數量的激增，如何在保護隱私的同時實現機器學習成為一個重要課題。

- **法規和政策限制**：隨著各國對數據隱私立法的加強，如歐盟的 GDPR(General Data Protection Regulation)，企業需要尋找合規的機器學習方法。

- **分散式數據的挑戰**：現實世界中，數據往往分散在不同機構和設備中，如何利用這些數據進行高效學習是一個重要問題。

- **提高協作效率**：聯邦學習允許多個數據擁有者在保護數據隱私的前提下，共同訓練機器學習模型，提高了協作效率。

聯邦學習是為了應對數據隱私保護需求和法規限制，同時克服分散式數據挑戰，提高協作效率而提出的一種創新機器學習方法。它將有助於在保護個人隱私和滿足法規要求的前提下，推動機器學習技術在各領域的應用。

18-1-3　聯邦學習與分散式 AI 的關係

聯邦學習和分散式 AI 都致力於在數據分散的情況下實現高效機器學習，但它們在實現方式和目標上有所區別，以下是聯邦學習與分散式 AI 之間關係的一些要點：

- **目標差異**：聯邦學習的核心目標是在保護數據隱私的前提下，實現多個數據擁有者共同訓練機器學習模型；分散式 AI 則旨在實現在多個計算節點上高效地訓練機器學習模型。

- **方法區別**：聯邦學習透過在本地訓練模型，並僅共享模型更新的方式實現隱私保護；分散式 AI 則透過將模型和數據分布在多個節點上，以降低單一節點的計算負擔。

- **適用場景**：聯邦學習適用於數據擁有者之間需要保護數據隱私的合作場景；分散式 AI 則適用於需要在大規模數據和計算資源上進行機器學習的場景。

- **技術結合**：聯邦學習和分散式 AI 可以結合使用，以在分散的計算環境中實現隱私保護的機器學習。

整體而言聯邦學習和分散式 AI 在目標和方法上有所區別，但它們都關注分散式數據和計算資源的高效利用。在實際應用中，聯邦學習和分散式 AI 可以相互結合，共同應對大規模數據和計算資源帶來的挑戰，同時保護數據隱私。

18-2 聯邦學習的技術基礎

18-2-1 橫向聯邦學習

橫向聯邦學習作為聯邦學習的一種主要形式，主要解決具有相似特徵空間但不同樣本空間的數據擁有者之間的合作學習問題，下列是橫向聯邦學習的一些要點：

- **數據分布**：橫向聯邦學習適用於數據擁有者具有相似特徵但樣本不同的情況，例如不同金融機構的客戶數據。

- **訓練過程**：橫向聯邦學習的訓練過程分為本地訓練和全局模型更新兩個階段。每個數據擁有者在本地訓練模型，然後將模型更新資訊共享給其他參與者，共同更新全局模型。

- **隱私保護**：在橫向聯邦學習中，數據擁有者之間只共享模型更新資訊，而不共享原始數據，從而保護數據隱私。

- **模型聚合**：橫向聯邦學習通常使用加密技術（如同態加密、安全多方計算）對模型更新進行聚合，以確保在聚合過程中數據的安全性。

橫向聯邦學習是一種適用於具有相似特徵空間，但不同樣本空間的數據擁有者之間的合作學習方法，透過本地訓練和全局模型更新，橫向聯邦學習實現了在保護數據隱私的前提下，實現多個數據擁有者共同訓練機器學習模型的目標。

18-2-2　縱向聯邦學習

縱向聯邦學習是另一種聯邦學習方法，專門解決具有相似樣本空間但不同特徵空間的數據擁有者之間的合作學習問題，下列是縱向聯邦學習的一些要點：

- **數據分布**：縱向聯邦學習適用於數據擁有者具有相似樣本但特徵不同的情況，例如不同機構收集的同一客戶的不同類型數據。

- **訓練過程**：縱向聯邦學習的訓練過程依賴於特徵對齊和梯度共享。參與者根據共享的樣本 ID 對齊特徵，然後在本地計算梯度並共享梯度資訊以更新模型。

- **隱私保護**：縱向聯邦學習透過僅共享樣本 ID 和梯度資訊來保護數據擁有者的數據隱私，避免原始數據的直接交換。

- **模型聚合**：縱向聯邦學習中的模型聚合過程可以利用安全多方計算（SMC，Secure Multi-Party Computation）或同態加密技術，以確保梯度共享和模型更新過程中的數據安全性。

縱向聯邦學習為具有相似樣本空間，但不同特徵空間的數據擁有者，提供了一種在保護數據隱私的前提下實現合作學習的方法。透過特徵對齊和梯度共享，縱向聯邦學習實現了多個數據擁有者，在不直接共享原始數據的情況下，共同訓練機器學習模型的目標。

18-2-3 聯邦平均算法（FedAvg）

聯邦平均算法（FedAvg，Federated Averaging）是聯邦學習中一個關鍵的技術，它主要用於在分散式環境中聚合和更新機器學習模型。以下是 FedAvg 算法的一些要點：

- **分散式學習**：FedAvg 算法適用於分散式學習環境，其中多個參與者在本地訓練各自的機器學習模型。

- **本地訓練**：每個參與者根據自己的數據集訓練模型，並獨立地更新模型參數。

- **模型聚合**：參與者將本地模型參數上傳至中心服務器，其中服務器使用 FedAvg 算法計算參數的加權平均值，從而產生一個全局模型。

- **權重分配**：FedAvg 算法根據每個參與者的數據集大小分配權重，使得具有較大數據集的參與者對全局模型的影響更大。

- **全局模型更新**：中心服務器將全局模型發送給參與者，以便參與者在下一輪本地訓練中使用更新後的全局模型。

聯邦平均算法是一種用於聯邦學習的核心技術，可以在保護數據隱私的同時實現多個參與者之間的模型聚合與更新。FedAvg 算法透過加權平均參數來合成全局模型，確保每個參與者的貢獻與其數據集大小相關。該方法有助於實現分散式學習，並充分利用多個參與者的數據資源。

18-2-4　安全多方計算（SMPC）與同態加密（HE）

在聯邦學習中，保護數據隱私是至關重要的。安全多方計算（SMPC，Secure Multi-Party Computation）和同態加密（HE，Homomorphic Encryption）是兩種可確保隱私的關鍵技術，以下是這兩種技術的要點：

安全多方計算（SMPC）：

- **數據分割**：SMPC 透過將數據分割為多個部分，讓各參與方持有部分數據，從而確保數據的保密性。

- **合作計算**：參與者協同進行計算，僅分享計算結果，而不透露其原始數據。

- **保密性**：SMPC 確保在整個計算過程中，參與者無法復原其他參與者的數據。

同態加密（HE）：

- **加密運算**：HE 允許在加密數據上直接進行計算，從而避免數據在計算過程中被解密。

- **結果解密**：計算完成後，僅解密最終結果，保護數據的隱私。

- **計算效率**：儘管 HE 可以提高數據保密性，但其計算效率相對較低。

安全多方計算和同態加密是兩種用於保護數據隱私的重要技術，SMPC 透過分割數據並在多個參與方之間進行合作計算來實現隱私保護。同態加密則允許對加密數據進行直接計算，同時保

持數據的保密性。這兩種技術在聯邦學習中具有重要意義，有助於在充分利用分散式數據資源的同時，確保數據的隱私安全。

18-3 聯邦學習的主要應用領域

18-3-1 醫療數據共享與分析

聯邦學習在醫療數據共享與分析領域具有巨大潛力，可在保護隱私的前提下，實現對大量醫療數據的高效利用，下列是聯邦學習在醫療數據共享與分析領域的主要應用要點：

- **醫療數據分散**：各醫療機構持有大量病患數據，但受限於隱私保護法規，數據共享受到限制。

- **醫療影像分析**：聯邦學習可用於醫療影像分析，如病變檢測、腫瘤分期等，提高診斷準確性。

- **病例預測**：透過對分散數據進行聯合分析，可預測病情發展趨勢，指導臨床治療決策。

- **藥物研發**：聯邦學習可加速新藥開發，透過跨機構數據共享，提高臨床試驗效果預測。

- **個性化醫療**：聯邦學習的數據分析，有助於研究個體差異，促進個性化醫療方案的制定。

聯邦學習在醫療數據共享與分析領域具有重要價值，它克服了隱私法規對數據共享的限制，實現跨機構數據的安全利用。透過這一技術，可以提高醫療影像分析的準確性，預測病例發展，加速藥物研發，並推動個性化醫療的發展。聯邦學習為醫療領域帶來了創新的解決方案，有望在未來進一步提高醫療服務質量。

18-3-2 金融業的信用評分和風險管理

聯邦學習在金融業的信用評分和風險管理方面具有顯著優勢，能夠在保護用戶隱私的前提下，提高信用評分模型的準確性和風險管理效率，下列是聯邦學習在金融業信用評分和風險管理領域的主要應用要點：

- 數據分散：金融機構持有大量散落在不同地區的用戶數據，因法規限制，無法直接共享。

- 信用評分：聯邦學習可用於建立更精確的信用評分模型，提高貸款審批速度和準確性。

- 風險管理：透過對分散數據進行聯合分析，可預測和識別潛在風險，降低金融機構風險暴露。

- 反欺詐檢測：聯邦學習可在保護用戶隱私的同時，提高對欺詐行為的檢測能力。

- 客戶經營：聯邦學習的數據分析，金融機構能夠更精確地瞭解客戶需求，提供個性化的金融產品和服務。

聯邦學習在金融業信用評分和風險管理領域發揮了重要作用，它能夠在保護用戶隱私的同時，實現數據跨機構的安全共享和利用，為金融機構提供更精確的信用評分模型和風險管理工具。此外，聯邦學習還有助於提高反欺詐檢測的能力和客戶經營的效果，未來聯邦學習有望在金融業領域持續發揮更大的價值。

18-3-3 物聯網（IoT）設備和邊緣計算

物聯網（IoT，Internet of Things）和邊緣計算是當今科技發展的重要趨勢，它們在提升設備智慧和數據處理能力方面發揮著

重要作用。聯邦學習與分散式 AI 在這些領域的應用也日益受到關注，因為它們有助於實現更加高效且保護隱私的數據分析。

- **邊緣計算**：聯邦學習允許邊緣設備在本地進行模型訓練，減少對雲端資源的依賴，降低數據傳輸成本和延遲。

- **數據隱私保護**：IoT 設備收集的數據可能涉及用戶隱私，聯邦學習能在不暴露原始數據的情況下進行模型訓練。

- **分散式學習**：聯邦學習允許多個 IoT 設備共同參與模型訓練，提高訓練效果並避免單點故障。

- **即時更新**：利用邊緣設備的計算能力，聯邦學習可以實現模型的即時更新，更快地應對環境變化。

- **跨廠商合作**：不同廠商的 IoT 設備可以在聯邦學習的框架下共享知識，促進產業創新。

聯邦學習與分散式 AI 在物聯網和邊緣計算領域的應用有助於提升數據分析效率，保護用戶隱私，並促進跨領域合作。隨著 IoT 設備和邊緣計算技術的不斷發展，聯邦學習將在未來發揮更加重要的作用。

18-3-4　自然語言處理與推薦系統

隨著大數據和人工智慧技術的發展，自然語言處理（NLP，Natural Language Processing）和推薦系統在各個領域中發揮著越來越重要的作用。然而，數據安全和隱私保護成為了制約這些技術發展的主要因素。聯邦學習和分散式 AI 在這些領域中的應用可以解決這些問題，進一步推動 NLP 和推薦系統的發展。

- **多方數據共享**：聯邦學習允許不同機構在保護隱私的前提下共享數據，提高 NLP 模型的訓練效果。

- **保護用戶隱私**：透過聯邦學習，用戶的數據不需要離開其設備，保證了用戶隱私的安全。

- **分散式推薦系統**：聯邦學習可以應用於分散式推薦系統，提高推薦的準確性和效率，同時降低中心化系統的壓力。

- **跨語言和跨領域的應用**：聯邦學習可以應對多語言和跨領域的挑戰，提高自然語言處理模型的泛化能力。

聯邦學習與分散式 AI 在自然語言處理和推薦系統領域的應用可以有效解決數據安全和隱私保護的問題，進一步提升模型的性能。未來隨著技術的發展，聯邦學習將在這些領域中發揮越來越重要的作用。

18-4 聯邦學習與數據隱私

18-4-1　隱私保護的挑戰與需要

隨著大數據的普及和人工智慧技術的快速發展，數據隱私保護日益受到重視。聯邦學習作為一種分散式學習方法，可以在保護數據隱私的同時進行模型訓練。然而，在實施過程中仍然面臨著一些挑戰和需求。

- **數據安全**：確保在聯邦學習過程中，數據不被濫用或泄露，需要有效的加密和安全傳輸機制。

- **規模問題**：隨著數據量的增長，設備和網絡資源的需求也相應增加，需要解決大規模聯邦學習的技術挑戰。

- **法規合規**：在不同國家和地區，數據隱私保護的法規和標準有所不同，聯邦學習需要適應各種法規要求。

- **驗證和審核**：聯邦學習需要有效的驗證和審核機制，以確保參與者遵守協議並保護數據隱私。

聯邦學習在解決數據隱私問題方面具有巨大潛力，但在實施過程中仍面臨著諸多挑戰。為了充分利用聯邦學習的優勢，有必要研究和解決這些挑戰，進一步完善隱私保護技術和相關機制。

18-4-2　聯邦學習的隱私保護方法

聯邦學習的核心目標之一是在保護數據隱私的同時，使多個參與者協同訓練機器學習模型。為了實現這一目標，聯邦學習引入了多種隱私保護方法，如下所述。

- **數據加密**：使用安全多方計算（SMPC）和同態加密（HE）等技術，對數據進行加密，確保在聯邦學習過程中數據不會被泄露。

- **差分隱私**：引入差分隱私技術，透過在數據上添加隨機噪聲，保護單個樣本的敏感資訊，防止數據被反向推算。

- **模型聚合**：在橫向聯邦學習和縱向聯邦學習中，參與者只需共享模型參數，而無需共享原始數據，降低了數據泄露的風險。

- **權限控制**：實施嚴格的權限控制和訪問管理，確保僅授權參與者能夠訪問和使用相關數據和模型。

- **驗證和審核**：透過對參與者的行為進行驗證和審核，確保其遵循數據隱私和安全要求，並在違反協議時進行懲罰。

聯邦學習透過融合多種隱私保護技術，使參與者能夠在不共享原始數據的情況下協作訓練模型。儘管這些方法在很大程度上提高了數據隱私保護水平，但仍需不斷優化和創新，以應對日益嚴峻的數據安全挑戰。

18-4-3　與傳統機器學習方法的比較

聯邦學習作為一種創新的機器學習方法，其數據隱私保護能力與傳統機器學習方法存在顯著差異，下列是聯邦學習與傳統機器學習方法在數據隱私方面的主要比較。

- **數據集中儲存**：傳統機器學習通常需要將所有數據集中儲存在單一數據中心，可能導致數據泄露風險；而聯邦學習則允許參與者在本地訓練模型，無需共享原始數據。

- **數據隱私保護**：傳統機器學習方法在數據共享時往往面臨隱私泄露風險，而聯邦學習則透過安全多方計算、差分隱私等技術有效保護數據隱私。

- **協同學習**：傳統機器學習方法往往依賴於單一數據來源，而聯邦學習則允許多個參與者協同訓練模型，提高了學習效果並促進了知識共享。

- **法規遵從性**：由於聯邦學習在保護數據隱私方面的優勢，它有助於企業更好地遵守各種數據保護法規，例如歐盟的通用數據保護條例（GDPR）。

- **模型訓練速度**：相對於傳統機器學習，聯邦學習可能在某些情況下需要更長的訓練時間，因為模型參數需要在各參與者之間進行同步和聚合。

　　與傳統機器學習方法相比，聯邦學習在數據隱私保護方面具有顯著優勢。然而，它在模型訓練速度等方面可能存在一定的局限性。因此，在選擇合適的機器學習方法時，需要根據具體應用場景和需求進行權衡。在面對敏感數據和嚴格的數據保護法規時，聯邦學習可能是一個更適合的選擇。

18-5 聯邦學習的挑戰與限制

18-5-1　系統性能與通信開銷

　　儘管聯邦學習在數據隱私保護方面具有優勢，但它在實際應用中仍面臨一些挑戰和限制，特別是在系統性能和通信開銷方面。

- **訓練速度**：聯邦學習涉及跨多個節點的模型訓練和參數更新，可能導致較慢的訓練速度和較長的收斂時間。

- **通信開銷**：模型參數需要在各參與者之間進行同步和聚合，可能產生大量通信開銷，尤其是在大規模分散式環境中。

- **計算資源分布不均**：聯邦學習參與者可能擁有不同的計算能力和資源，導致訓練過程中的資源分配不均衡。

- **系統異構性**：不同參與者可能使用不同類型的硬體和軟體平台，增加了系統整合的難度和複雜性。

- **錯誤容忍和恢復**：在分散式環境中，節點故障和通信中斷可能對模型訓練和收斂造成影響，需要有效的錯誤容忍和恢復機制。

聯邦學習在實現數據隱私保護的同時，面臨著系統性能和通信開銷方面的挑戰。為克服這些問題，研究人員正不斷嘗試改進聯邦學習算法，提高訓練效率，降低通信成本，並適應分散式環境的各種挑戰。在未來，隨著技術的進一步發展，聯邦學習有望在更多領域實現廣泛應用。

18-5-2　聯邦學習的安全性問題

儘管聯邦學習旨在實現數據隱私保護，但在實際應用中，它仍然面臨一些安全性問題。這些問題需要在未來的研究和實踐中得到充分關注和解決。

- **惡意參與者**：聯邦學習中可能存在惡意參與者，他們可能操縱本地數據或模型參數以破壞整個學習過程，導致模型性能下降。

- **數據中毒攻擊**：攻擊者可能在訓練數據中添加錯誤的標籤或樣本，以影響模型的學習過程和最終性能。

- **模型推斷攻擊**：即使數據未直接共享，攻擊者仍然可以透過分析聚合後的模型參數來推測原始數據的某些特徵。

- **隱私泄漏**：雖然聯邦學習可以降低數據泄漏的風險，但在某些情況下，攻擊者可能透過對模型參數的分析來獲取一定程度的數據資訊。

- **安全性與效能的權衡**：為了提高安全性，可能需要引入額外的加密和驗證機制，但這可能導致計算和通信成本的增加，影響整個系統的性能。

　　聯邦學習在實現數據隱私保護的過程中，仍然面臨著一些安全性問題。未來的研究需要在保護隱私的前提下，充分考慮這些安全性問題，並採取相應的技術和策略來防範和應對潛在的威脅。只有在確保安全性的基礎上，聯邦學習才能在各個領域得到廣泛應用和推廣。

18-5-3　算法收斂速度和模型質量

　　聯邦學習作為一種分散式機器學習方法，雖然在保護數據隱私方面具有顯著優勢，但在算法收斂速度和模型質量方面存在一些挑戰和限制。

- 非獨立同分布（non-IID，Non-Independent and Identi-cally Distributed）數據：在聯邦學習中，各參與者的數據可能不是獨立同分布的，這可能導致模型收斂速度變慢和模型質量下降。

- 通信開銷：聯邦學習需要在參與者之間傳輸模型參數，這可能會導致大量的通信開銷，影響算法收斂速度。

- 異質性：參與者之間的計算能力、數據量和質量可能存在差異，這可能會對收斂速度和模型質量產生不利影響。

- 全局最優解：在分散式學習環境中，尋找全局最優解可能比中心化環境更具挑戰性，這可能會影響模型的最終性能。

- 隱私保護與性能權衡：為了提高隱私保護程度，可能需要採用更複雜的加密和安全技術，但這可能會影響模型的收斂速度和質量。

　　雖然聯邦學習在保護隱私方面具有優勢，但在算法收斂速度和模型質量方面仍面臨一些挑戰。未來的研究需要在保持隱私保護的前提下，克服這些挑戰，以實現更高效、更可靠的聯邦學習算法。透過改進算法和技術，聯邦學習有望在各個領域取得更好的應用成果。

18-5-4　組織間的信任與合作問題

　　聯邦學習旨在實現多個組織在保護數據隱私的前提下，共同訓練機器學習模型。然而，在實際應用中，組織間的信任與合作問題可能成為實現聯邦學習的一大挑戰。

- **數據所有權**：各參與組織可能對自己的數據具有擁有權，可能會對共享模型參數產生顧慮，這可能影響到聯邦學習的順利進行。

- **商業競爭**：在競爭激烈的市場環境下，不同組織可能不願意與競爭對手合作，這會對聯邦學習的推廣造成困難。

- **法律法規**：各國和地區的數據保護法規不同，可能會限制不同組織之間的數據共享和合作。

- **隱私風險**：雖然聯邦學習在理論上可以保護數據隱私，但參與組織可能仍擔心潛在的隱私風險，對合作產生顧慮。

- **合作協議**：建立聯邦學習合作需要制定合作協議，涉及數據使用權限、模型所有權等問題，這可能在實踐中遇到困難。

聯邦學習作為一種具有潛力的機器學習方法，面臨著組織間信任與合作的挑戰。要克服這些挑戰，需要在政策法規、技術創新和合作機制等方面進行努力，以促使更多組織願意參與聯邦學習，實現數據資源共享和模型協同訓練。

18-6 聯邦學習的未來趨勢

18-6-1　混合聯邦學習與跨模態聯邦學習

隨著聯邦學習技術的發展，未來趨勢將朝向更多的研究範疇。其中，混合聯邦學習與跨模態聯邦學習將成為重要的發展方向，以應對不同應用場景和多樣化的數據需求。

混合聯邦學習：

- 結合橫向與縱向聯邦學習，克服單一聯邦學習方法的局限性。
- 能夠適應不同類型的數據分佈和組織間的數據使用需求。
- 透過靈活地調整聯邦學習策略，可以實現更高效的模型訓練和更好的模型性能。

跨模態聯邦學習：

- 處理多模態數據，例如圖像、文字、語音等，透過聯邦學習實現模型共享與協同訓練。
- 促進不同模態數據的交互與融合，提升模型的泛化能力和應用價值。

- 跨模態聯邦學習有助於解決現有數據孤島問題，實現更廣泛的數據資源共享。

混合聯邦學習與跨模態聯邦學習作為聯邦學習的未來趨勢，將有助於充分發揮聯邦學習在不同場景下的優勢。透過結合多種聯邦學習方法和應對多模態數據的挑戰，這些技術將為保護隱私和促進數據資源共享提供更強大的支持。

18-6-2　面向新型應用場景的聯邦學習方法

隨著聯邦學習技術不斷發展，研究者和工程師正在尋求擴展其應用範疇，開發面向新型應用場景的聯邦學習方法。這些新方法將為多個領域提供創新的解決方案，同時兼顧數據隱私和分散式學習的需求。

面向工業物聯網（IIoT，Industrial Internet of Things）的聯邦學習：

- 在工業自動化、智慧製造等領域實現分散式學習和協同優化。
- 有助於降低中央化數據儲存和運算的需求，提高系統效率和可靠性。
- 保護企業知識產權和機密數據，降低數據洩露的風險。

面向無人駕駛和智慧交通的聯邦學習：

- 支持無人駕駛汽車之間的模型共享和協同學習，提高道路安全。
- 有助於實現即時路況預測和交通管理的智慧優化。
- 保護用戶隱私，避免個人行車數據外洩。

面向智慧城市和環境監測的聯邦學習：

- 促進城市基礎設施和環境監測設備之間的數據共享和模型訓練。

- 支持城市規劃和環境保護政策制定的數據驅動決策。

- 保護市民隱私，減少數據滲透和濫用的風險。

面向新型應用場景的聯邦學習方法，將為各領域帶來更廣泛的應用可能性，這些方法不僅可以推動聯邦學習技術的創新發展，還將為數據隱私保護和分散式學習提供更為強大的支持。

18-6-3　規模化與全球化的聯邦學習生態系統

隨著聯邦學習技術的逐步成熟，規模化與全球化的聯邦學習生態系統將成為未來的發展趨勢。這種生態系統將使跨地域和跨行業的組織得以共享數據資源，加速模型訓練，同時保護數據隱私，為各領域的創新發展提供支持。

規模化聯邦學習：

- 構建規模化的聯邦學習平台，支持多個參與者協同訓練模型。

- 利用分布式計算和高效的通信技術，提高聯邦學習的效率和可擴展性。

- 運用高效的數據同步和共享技術，滿足不同用戶需求。

全球化聯邦學習生態系統：

- 透過全球化的標準制定和合作，促進不同國家和地區之間的聯邦學習實踐。

- 建立全球性的數據共享和模型訓練機制，促進跨國合作與創新。
- 確保不同司法管轄區的數據保護法律、法規得到遵守，保障數據隱私和安全。

跨行業應用與創新：

- 透過規模化和全球化的聯邦學習生態系統，支持多個行業的創新發展。
- 實現行業之間的數據資源互通，推動交叉領域的研究與合作。
- 降低企業和研究機構之間的數據壁壘，提高創新效率。

規模化與全球化的聯邦學習生態系統將為未來的 AI 發展帶來巨大的潛力，此類生態系統將使組織能夠在保護數據隱私的前提下共享數據資源，促進跨地域和跨行業的創新合作，為全球社會帶來更多的共享價值和科技成果。面對挑戰和機遇，各方應積極參與建設規模化與全球化的聯邦學習生態系統，共同推動 AI 技術的發展和應用。

18-6-4　聯邦學習與其他隱私保護技術的結合

隨著數據隱私保護需求的日益增強，聯邦學習與其他隱私保護技術的結合將成為未來的發展趨勢。這些技術的融合將為保護數據隱私提供更強大的保障，同時保持高效的機器學習性能。

聯邦學習與差分隱私（DP，Differential Privacy）：

- 差分隱私在數據發布過程中添加隨機噪聲，保護個體隱私。
- 聯邦學習結合差分隱私，進一步保護數據集中的敏感資訊。
- 實現在保護隱私的同時，仍能進行有效的機器學習。

聯邦學習與安全多方計算（SMPC）：

- 安全多方計算允許多個參與者共同計算函數結果，而不需要共享原始數據。
- 聯邦學習與 SMPC 結合，進一步提高數據安全性和隱私保護水平。
- 實現分散式數據在不揭露原始資訊的情況下完成機器學習訓練。

聯邦學習與同態加密（HE）：

- 同態加密允許在密文上進行計算，從而保護數據隱私。
- 聯邦學習結合同態加密技術，確保數據在加密狀態下仍可進行有效學習。
- 提高數據安全性，降低數據洩露風險。

聯邦學習與其他隱私保護技術的結合將為數據隱私保護帶來更多的可能性。這些技術的融合不僅能夠提高數據保護水平，還能保持機器學習的效率和性能。未來，這些技術將在各領域發揮重要作用，共同推動 AI 技術的可持續發展。

第 19 章

AI 在全球治理與國際關係中的角色

隨著人工智慧（AI）技術的迅猛發展，它在全球治理與國際關係中的角色逐漸凸顯。AI 已經成為全球經濟、政治、安全等領域的重要驅動力，並在國際競爭中具有重要戰略地位。在這個背景下，各國政府和國際組織越來越關注如何利用 AI 應對全球性挑戰，同時平衡利益與風險。本章將探討 AI 在全球治理與國際關係中的角色，以及相關挑戰與機遇。

19-1　AI 在全球治理的背景

19-1-1　AI 技術的快速發展及其影響

在過去的幾十年裡，人工智慧（AI）技術取得了突破性的發展，顯著地改變了全球治理的背景。以下幾點說明了 AI 技術的快速發展及其影響：

- **大數據與計算能力的提升**：隨著數據量的爆炸式增長和計算能力的提高，AI 技術得以實現更高的精度和效率，對各行業產生深遠影響。

- **深度學習與自然語言處理的進步**：深度學習技術的發展使得 AI 具備了更強大的圖像識別、語音識別和自然語言理解能力，這些技術在全球治理中的應用日益顯著。

- **自動化與決策支持系統**：AI 技術可以有效地將大量數據轉化為有價值的資訊，支持決策者在全球治理中作出更好的決策。

- **國際競爭與戰略地位**：AI 技術的發展引發了國際競爭，各國紛紛制定相應的政策和戰略，以確保在這一領域保持領先地位。

　　AI 技術的快速發展不僅為全球治理帶來巨大機遇，也帶來了挑戰。各國政府和國際組織需要積極應對這些變化，以確保 AI 技術在全球治理中發揮積極作用，同時避免潛在風險。

19-1-2　全球治理的挑戰與機遇

　　隨著 AI 技術在全球治理中的應用日益增多，我們面臨著許多機遇與挑戰。以下將詳述這些方面：

機遇：

- **提高決策效率**：AI 可以幫助政策制定者更快速、更精確地分析數據，從而提高全球治理的決策效率。

- **創新解決方案**：AI 技術可以為全球治理的傳統問題提供創新解決方案，例如在環保、能源和公共衛生等領域。

- **跨國合作促進**：AI 技術的共享和標準化有助於促進國際間的合作與交流，共同應對全球性挑戰。

挑戰：

- **數據隱私和安全**：隨著 AI 在全球治理中的應用，數據隱私和安全問題愈發突出，需要建立相應的國際標準和法規。

- **數字鴻溝**：AI 技術的發展加劇了數字鴻溝，可能導致技術與資源在國家之間的分配不均。

- **國際競爭與衝突**：AI 技術在軍事、經濟等領域的應用可能加劇國際競爭和衝突，影響全球穩定。

AI 技術在全球治理中具有重要作用，既帶來了許多機遇，也伴隨著挑戰。各國和國際組織需共同努力，以確保 AI 技術在全球治理中發揮積極作用，充分利用其帶來的機遇，同時妥善應對可能出現的挑戰。

19-1-3　AI 在全球治理的潛力

AI 技術在全球治理中具有巨大潛力，從提高決策效率到解決跨國問題，它已經開始改變我們的世界，下列是 AI 在全球治理中的潛力：

- **決策支持**：AI 可以幫助全球政策制定者更有效地分析複雜數據，從而為制定更好的政策提供有力支持。

- **跨國問題解決**：AI 可以在環境保護、全球氣候變化、人道主義援助等領域提供創新解決方案，應對全球性挑戰。

- **提高資源分配效率**：AI 技術可以在全球治理中提高資源分配的效率，確保公共資源的合理利用。

- **國際合作與協調**：AI 可以促進國際間的資訊共享、技術合作和政策協調，共同應對全球挑戰。

- **預測與預警**：AI 技術在數據分析和預測方面的優勢有助於提前識別全球治理中可能出現的風險，以便即時制定相應的對策。

- **強化公眾參與**：AI 技術可以提高公眾參與全球治理的能力，透過智慧設備和平台將全球公民連接起來，讓他們共同參與問題的解決。

　　AI 技術在全球治理中具有顯著的潛力。然而，為了充分發揮這些潛力，各國和國際組織需要共同努力，確保 AI 技術的發展遵循國際標準和規範，並採取措施克服可能出現的挑戰。只有這樣，我們才能在全球治理中充分利用 AI 技術的優勢，共同迎接更美好的未來。

19-2 AI 在國際政治與外交的影響

19-2-1　國家競爭與技術霸權

　　AI 技術的快速發展在國際政治和外交領域引起了廣泛關注，各國紛紛積極參與 AI 領域的競爭，希望在這場全球技術霸權的競爭中獲得主導地位，下列是 AI 在國際政治與外交中的影響：

- **國家競爭**：AI 技術的發展成為國家之間競爭的新焦點，各國加大投入，積極發展本國的 AI 產業，以求在全球市場占據有利地位。

- **技術霸權**：AI 技術的主導地位可能導致技術霸權問題，影響國際政治力量平衡。一些技術強國可能利用 AI 技術進行經濟、政治和軍事上的壓迫和操縱。

- **國際合作**：AI 技術的快速發展促使各國加強合作，分享技術研究成果，以確保 AI 技術的健康發展和應對全球性挑戰。

- **資訊戰爭與網絡安全**：AI 技術在資訊戰爭和網絡安全方面的應用使得國家間的網絡攻擊和防禦手段更加先進，加劇了國際間的網絡競爭和緊張局勢。

- **智慧外交**：AI 技術在外交領域的應用改變了外交方式，例如利用 AI 進行情報收集、語言翻譯和決策支持，提高外交效率。

AI 技術在國際政治和外交中的影響日益顯著。在這個過程中，國家間的競爭與技術霸權成為不容忽視的問題。為了確保 AI 技術的健康發展並最大限度地發揮其在國際治理中的積極作用，各國應加強合作，共同制定國際規範和標準，應對 AI 技術帶來的挑戰和機遇。

19-2-2　外交政策與協商

隨著 AI 技術的快速發展，越來越多的國家意識到其在外交政策和協商中的重要作用。這些應用不僅提高了外交工作的效率，還為各國間的合作創造了新的機遇。以下是 AI 在外交政策與協商方面的影響：

- **數據驅動的外交政策**：AI 技術可以幫助政府收集和分析大量數據，從而制定更加精確和客觀的外交政策，以應對國際間的挑戰和機遇。

- **決策支持**：AI 技術在決策支持方面的應用，使得外交官能夠更加迅速、準確地分析國際形勢，為制定外交政策提供有力支持。

- **交流與協商**：AI 技術在語言翻譯和跨文化交流方面的應用，有助於提高外交官之間的溝通效率，促進國際間的協商與合作。

- **虛擬外交**：AI 技術支持的虛擬外交平台能夠為各國提供一個便捷、高效的協商場所，降低實體會議的成本和時間限制。

- **預測與風險評估**：AI 技術可以幫助外交官預測國際事務的走向，評估可能出現的風險和挑戰，為政策制定提供有力依據。

　　AI 技術對外交政策和協商的影響是深遠且多方面的。隨著技術的進一步發展，AI 將繼續改變國際政治與外交的面貌。各國應積極擁抱 AI 技術帶來的機遇，加強合作，共同應對挑戰，以確保全球治理的穩定與和諧。

19-2-3　國際合作與聯盟建設

　　AI 技術的發展和應用不僅改變了國家間的競爭格局，還促使各國加強國際合作和聯盟建設。這一趨勢對全球治理具有重大影響，並為解決跨國問題提供了新的契機，下列是 AI 在國際合作與聯盟建設方面的影響：

- **共享資源與技術**：AI 技術的發展需要大量資源和專業知識。透過國際合作，各國可以共享資源、技術和經驗，以提高 AI 技術的研發與應用水平。

- **跨國標準制定**：AI 技術的普及需要國際間共同制定相關標準和規範。這有助於確保技術的安全、可靠使用，並為國際間的合作提供穩定的基礎。

- **面對全球性挑戰**：AI 技術可協助各國應對全球性挑戰，如氣候變化、疫情防控等。透過國際合作，各國可以共同開發應對這些挑戰的 AI 解決方案，實現共贏。

- **擴大經濟合作**：AI 技術的發展為全球經濟合作帶來新的機遇，促使各國在經濟領域加強聯合和協同。

- **促進教育與人才交流**：AI 技術的發展需要培養大量人才。國際間的合作與聯盟有助於提高教育水平，推動人才交流與合作。

AI 技術在國際合作與聯盟建設方面發揮著重要作用。各國應積極利用 AI 技術，加強國際間的合作與交流，以實現共同繁榮與發展。未來，國際社會將繼續深化在 AI 領域的合作，以應對全球性挑戰，共同推動人類文明的進步。

19-2-4　跨國公司在全球治理中的角色

AI 技術的快速發展讓跨國公司在全球治理中扮演越來越重要的角色。這些公司擁有強大的資源和研發能力，對 AI 技術的創新與應用產生了深遠的影響，下列是跨國公司在全球治理中的角色及其影響：

- **技術創新與推廣**：跨國公司在 AI 技術研發和創新方面具有先驅地位，為全球市場帶來先進的產品和服務，推動技術的普及和應用。

- **國際標準制定**：跨國公司參與國際標準制定，有助於建立統一的 AI 技術規範，確保技術的安全與可靠性。

- **促進國際經濟合作**：跨國公司的投資和業務拓展促進了國際貿易與經濟合作，有助於整合全球資源和市場。

- **影響政策制定**：跨國公司在全球治理中具有影響力，能夠影響相關國家和地區的政策制定，尤其在 AI 領域的監管和標準方面。

- 社會責任與全球問題：跨國公司需承擔社會責任，積極參與解決全球性問題，如環境保護、數據隱私等，以實現可持續發展。

　　跨國公司在 AI 技術領域的發展對全球治理具有重要意義，未來跨國公司將繼續在全球治理中發揮關鍵作用，推動 AI 技術的創新與應用，為國際社會解決共同挑戰提供新的動力。各國應積極與跨國公司合作，共同推動全球治理體系的完善與發展。

19-3　AI 在國際經濟與貿易的影響

19-3-1　全球供應鏈與產業自動化

　　AI 技術在全球治理與國際關係中的應用不僅限於政治與外交領域，更在國際經濟與貿易中發揮著重要作用。尤其是在全球供應鏈與產業自動化方面，AI 技術的創新與應用顯著改變了生產和經營模式，並對國際經濟秩序產生了深遠影響，下列是 AI 技術在全球供應鏈與產業自動化方面的主要影響：

- 產業自動化：AI 技術推動了產業自動化的發展，提高生產效率，降低成本，增強企業競爭力。

- 智慧供應鏈管理：AI 技術的應用有助於實現供應鏈的智慧管理，提高物流效率，降低運營成本。

- 產業升級：AI 技術的發展推動了傳統產業的升級與轉型，為企業創新和發展提供了新的動力。

- 國際貿易格局：AI 技術在全球供應鏈中的應用影響了國際貿易格局，使得資源配置更加高效且符合市場需求。

- 就業市場變革：AI 技術的應用將改變就業市場結構，創造新的就業機會，同時也帶來一定的就業壓力。

　　AI 技術在全球供應鏈與產業自動化領域的應用對國際經濟與貿易產生了重要影響，隨著 AI 技術的進一步發展和普及，全球供應鏈和產業自動化將繼續向更高效、智慧的方向發展。各國應積極應對 AI 技術帶來的挑戰和機遇，共同推動國際經濟與貿易的可持續發展。

19-3-2　貿易政策與國際競爭力

　　AI 技術的發展不僅影響全球供應鏈與產業自動化，同時也對國際經濟和貿易政策產生深刻影響。面對 AI 技術帶來的挑戰和機遇，各國政府需制定相應的貿易政策以提高國家競爭力，以下是 AI 技術在貿易政策與國際競爭力方面的主要影響：

- 知識產權保護：隨著 AI 技術的發展，知識產權保護政策需不斷更新，以確保創新成果受到充分保護並推動經濟增長。

- 數據政策：數據是 AI 發展的基礎，各國需要在保護數據隱私的前提下制定有利於國際數據流通的政策，促進 AI 技術的發展和應用。

- 產業政策：各國需制定相應產業政策，支持 AI 技術在各行業的應用，提高國家在國際市場的競爭力。

- 跨國合作：面對 AI 技術的全球性挑戰，國際社會應加強合作，共同制定規則和標準，避免貿易摩擦和技術封閉。

- **人才政策**：為應對 AI 技術帶來的就業市場變化，各國應加強人才培養，鼓勵創新，提高勞動力素質。

AI 技術在國際經濟與貿易領域的影響已日益顯著，各國政府在制定貿易政策時需充分考慮到 AI 技術的發展趨勢。透過制定適應時代發展的貿易政策，各國可充分發揮 AI 技術的潛力，提高國家競爭力，促進全球經濟可持續發展。

19-3-3　跨國投資與知識產權保護

在全球化背景下，AI 技術的發展對國際經濟與貿易產生深遠影響，尤其在跨國投資和知識產權保護方面。各國政府和企業需要認識到 AI 技術在這些領域的潛在影響，以制定相應的政策和戰略，下列是 AI 在跨國投資和知識產權保護方面的主要影響：

- **跨國投資增長**：AI 技術的發展為跨國投資帶來了新的機遇，促使企業將資金投向 AI 相關領域，推動全球經濟增長。

- **投資環境變化**：AI 技術的發展引起投資環境變化，各國需緊密關注技術進步對投資環境的影響，並制定相應政策以吸引外資。

- **技術轉移與知識產權保護**：跨國投資促使技術轉移，各國政府需加強知識產權保護，防止技術流失和盜版行為。

- **國際規則制定**：AI 技術的發展要求國際社會共同制定相應的規則和標準，以確保技術成果公平分配和利用。

- **跨國企業角色變化**：AI 技術的發展使跨國企業在全球治理中扮演更重要角色，影響國際經濟與貿易格局。

　　AI 技術在跨國投資和知識產權保護方面具有巨大影響力,將對國際經濟與貿易產生深遠變革。各國政府和企業需密切關注這些變化,制定適應時代發展的政策和戰略,以充分利用 AI 技術的潛力,促進國際經濟與貿易的可持續發展。

19-3-4　貧富差距與國際援助

　　AI 技術的發展在全球範圍內帶來了許多機遇,但同時也加劇了貧富差距和不平等問題。這將對國際援助和經濟合作產生影響,各國政府和國際組織需要密切關注這些變化,制定相應的政策和戰略以應對挑戰,下列是 AI 在貧富差距和國際援助方面的主要影響:

- **技術發展不均衡**:AI 技術的發展在不同國家和地區存在巨大差距,使得貧富差距加劇,發展中國家面臨更大發展壓力。

- **就業市場變化**:AI 技術可能導致大量低技能工作被取代,使得就業市場結構變化,加劇貧富差距。

- **國際援助策略調整**:面對 AI 技術帶來的新挑戰,國際援助策略需要調整,注重幫助發展中國家提升科技能力,縮小與發達國家的差距。

- **教育與培訓重要性**:為應對 AI 帶來的貧富差距,各國需要加大對教育和培訓的投入,提高人力資本水平,增強國家競爭力。

- **國際合作與資源共享**:加強國際合作,共同開發和分享 AI 技術,有助於減少全球貧富差距,促進國際經濟一體化。

　　AI 技術的發展在全球範圍內加劇了貧富差距和不平等問題，對國際援助和經濟合作產生影響。各國政府和國際組織需要密切關注這些變化，制定相應的政策和戰略以應對挑戰，共同推動國際社會克服 AI 技術帶來的不平等問題，促進全球和諧與共同繁榮。

19-4　AI 在國際安全與防務的影響

19-4-1　軍事技術的變革與戰略平衡

　　AI 技術的發展對國際安全與防務產生了深遠影響，尤其在軍事技術方面的變革可能改變全球戰略平衡。各國在追求軍事優勢的同時，需要密切關注這些變化並制定相應的應對策略，下列是 AI 在軍事技術與戰略平衡方面的主要影響：

- 情報收集與分析：AI 技術可以大幅提升情報收集和分析的效率，使國家在戰略決策時能夠更全面、更迅速地掌握資訊。

- 無人作戰平台：AI 技術可以推動無人作戰平台的發展，如無人機、無人艇等，提高作戰能力和減少士兵傷亡。

- 電子戰與網絡戰：AI 技術在電子戰和網絡戰方面具有重要潛力，可以幫助國家在網絡空間取得優勢，保護國家利益。

- 軍事決策支援：AI 技術可以為軍事指揮決策提供更強大的支援，提高軍事行動的準確性和效果。

- 軍事競爭與戰略平衡：AI 技術的發展使得軍事競爭愈發激烈，可能改變全球戰略平衡，加劇國際緊張局勢。

　　AI 技術在國際安全與防務領域中的應用，特別是在軍事技術方面的變革，將對全球戰略平衡產生深遠影響。各國在追求軍事優勢的同時，需要密切關注這些變化並制定相應的應對策略。同時，國際社會應共同努力，制定相應的國際法規和機制，以確保 AI 技術在軍事領域的應用不會導致戰爭風險升級，維護全球和平與穩定。

19-4-2　網絡戰爭與國家安全

　　隨著 AI 技術的快速發展，網絡戰爭已經成為國家安全的重要方面。AI 技術在網絡戰爭中發揮著越來越重要的作用，可以幫助國家在網絡空間取得優勢，但同時也帶來了相應的安全挑戰，下列是 AI 在網絡戰爭與國家安全方面的主要影響：

- 自動化網絡攻擊和防禦：AI 技術可以實現網絡攻擊和防禦的自動化，提高網絡作戰能力，並使得網絡戰爭變得更加迅速和激烈。

- 情報收集和分析：AI 技術可以大幅提升網絡情報收集和分析的效率，幫助國家更全面、更迅速地掌握網絡空間的動態。

- 社交媒體與輿論操控：AI 技術在社交媒體上的應用使得輿論操控成為網絡戰爭的一個重要手段，可能對國家安全造成潛在威脅。

- 網絡空間主權：AI 技術的發展加劇了國家間在網絡空間主權方面的競爭，使得國家間的網絡安全挑戰愈發突出。

- 國際法規和合作：面對 AI 技術在網絡戰爭中的應用，國際社會需要制定相應的國際法規，加強合作以維護網絡空間的和平與安全。

AI 技術在網絡戰爭與國家安全方面的影響愈發顯著，國家應該重視這一領域的安全挑戰，加強國內網絡安全建設。此外，國際社會應共同努力，制定相應的國際法規和機制，加強合作以維護網絡空間的和平與安全，共同應對 AI 技術帶來的挑戰。

19-4-3　人道主義援助與災害管理

在全球治理與國際關係中，AI 技術在人道主義援助和災害管理方面也發揮著重要作用。透過加速救援行動、提高援助效率，以及協助國家和國際組織應對自然和人為災害，AI 技術正改變著傳統的人道主義援助與災害管理模式，下列是 AI 在此領域的主要影響：

- 預警系統：AI技術可以幫助建立更精確的災害預警系統，提前預測災害發生，讓相關部門即時作出應對措施。

- 救援行動：AI 技術能夠協助救援團隊進行搜救工作，例如無人機和機器人可以在危險或難以到達的區域進行搜救，提高救援速度和效果。

- 救援物資分配：AI 技術可以根據即時數據和需求預測，實現救援物資的快速、精確分配，提高援助效率。

- 災害管理決策支持：AI 技術可以幫助政府和國際組織分析大量數據，為災害管理提供決策支持，提高災害應對能力。

- 國際合作：AI 技術有助於加強國家和國際組織之間的協同合作，共同應對災害挑戰。

AI 技術在人道主義援助和災害管理方面的應用為國際社會提供了新的機遇，能夠改善援助和救災工作的效率和成果。然而，要充分利用這些機遇，需要國家和國際組織共同努力，加強對 AI 技術的研究與應用，以實現更有效的全球治理和國際合作。

19-4-4　國際恐怖主義與犯罪的應對

在全球治理與國際關係中，AI 技術在國際恐怖主義和犯罪防範方面也發揮著日益重要的作用。透過預測和分析潛在威脅、協助執法機構追蹤和打擊犯罪活動，AI 技術對國際社會在應對恐怖主義和犯罪方面的挑戰提供了新的解決方案，下列是 AI 在此領域的主要影響：

- 威脅分析和預測：AI 技術可以幫助安全機構對大量數據進行分析，以預測和識別潛在的恐怖主義和犯罪威脅，從而提前制定應對策略。

- 資訊搜集和分析：AI 技術可以加速對恐怖主義和犯罪相關資訊的搜集和分析，以便迅速採取行動。

- 情報共享：AI 技術有助於國家間和國際組織之間的情報共享，加強合作以應對共同的安全威脅。

- 人臉識別與生物特徵技術：AI 驅動的人臉識別和生物特徵技術可以幫助執法機構追蹤和確認恐怖分子和犯罪分子，提高執法效率。

- 網絡安全：AI 技術可以幫助檢測和預防網絡攻擊，打擊網絡恐怖主義和犯罪活動。

AI 技術在國際恐怖主義和犯罪防範方面的應用為國際社會提供了新的機遇，有助於加強國家和國際組織之間的合作，共同應對安全挑戰。然而，要充分利用這些機遇，需要國家和國際組織共同努力，加強對 AI 技術的研究與應用，以實現更有效的全球治理和國際合作。

19-5　AI 在全球環境與氣候變化的影響

19-5-1　氣候監測與預測

AI 技術在全球環境和氣候變化治理中的應用日益受到重視，特別是在氣候監測和預測方面。透過對大量數據的分析和處理，AI 能幫助政府和科研機構更好地理解氣候變化趨勢，制定相應的政策和措施，下列是 AI 在氣候監測與預測方面的主要作用：

- 數據分析：AI 技術可以對海量氣候數據進行快速、準確的分析，為研究氣候變化提供有力支持。

- 遙感技術：AI 技術可以提高遙感數據的處理能力，幫助科學家獲得更精確的地球表面和大氣資訊。

- 模式辨識：AI 技術能辨識氣候變化的模式，從而更有效地預測極端氣候事件和氣候變化趨勢。

- 氣候模型改進：AI 技術可幫助改進氣候模型，使其更符合實際情況，提高預測的準確性和可靠性。

● **應對策略制定**：AI 技術的氣候預測功能，可以幫助政府和國際組織，制定更有效的應對氣候變化的政策和措施。

AI 技術在氣候監測和預測方面具有重要潛力，可以為全球環境和氣候變化治理提供有力支持。然而，要充分利用 AI 技術帶來的機遇，需要國家和國際組織共同努力，加強對 AI 技術在氣候變化治理方面的研究和應用，實現更有效的全球治理和國際合作。

19-5-2　應對氣候變化的創新技術

AI 技術在應對全球環境和氣候變化方面扮演著越來越重要的角色。它可以為創新技術提供智慧化解決方案，促進環保和可持續發展，下列是 AI 在應對氣候變化創新技術方面的主要應用：

● **智慧能源管理**：AI 技術可以幫助實現能源效率的最優化，提高可再生能源的使用效果，降低碳排放。

● **精確農業**：透過 AI 技術，農業生產可以實現更精確的資源利用和管理，降低環境負擔。

● **污染監控**：AI 技術可以提高對空氣、水和土壤污染的監測與分析能力，幫助制定更有效的環境保護政策。

● **生態保護**：AI 技術可以輔助進行生態系統監測，保護生物多樣性，對瀕危物種進行有效保護。

● **智慧城市**：透過 AI 技術，城市規劃和管理可以實現更高效的資源利用和環境保護，提高城市可持續性。

　　AI 技術在應對氣候變化的創新技術方面具有巨大潛力。然而，要充分發揮 AI 技術的優勢，需要國家和國際組織加強合作，共同推動 AI 技術在環保和氣候變化領域的研究與應用，為全球環境治理和可持續發展做出貢獻。在此過程中，必須注意到 AI 技術在資源消耗、數據安全和隱私保護等方面可能帶來的挑戰，以確保其可持續發展。

19-5-3　環境政策與國際合作

　　AI 技術在全球治理與國際關係中的角色日益顯著，特別是在全球環境和氣候變化領域。它為環境政策和國際合作帶來新的契機，有助於應對氣候變化和實現可持續發展目標，下列是 AI 在環境政策與國際合作方面的主要影響：

- **數據共享與合作**：AI 技術可以提高全球氣候數據的收集、分析和共享能力，為國家制定科學合理的環境政策提供支持。

- **監管與執法**：AI 技術在環境監測、預警和應對方面的應用，有助於提高環境法規和政策的執行效率。

- **國際合作機制**：AI 技術可以促進跨國合作，加強國際組織和國家之間的溝通與協作，共同應對全球環境問題。

- **科技創新與資金投入**：AI 技術的發展和應用需要各國加大科研投入和資金支持，以推動環保和氣候變化相關技術的創新和普及。

- **政策建議與評估**：AI 技術可以為國際組織和政府提供定制化的政策建議，評估環境政策的成效和影響，為未來政策制定提供數據支持。

　　AI 技術在環境政策和國際合作方面的影響日益深入，國家和國際組織需共同努力，推動 AI 技術在環保和氣候變化領域的研究與應用，以實現全球環境治理和可持續發展目標。同時，應關注 AI 技術在資源消耗、數據安全和隱私保護等方面的挑戰，確保其可持續發展。

19-5-4　可持續發展目標（SDGs）

　　AI 技術在全球治理與國際關係中的應用已深入到各個領域，尤其是在實現聯合國可持續發展目標（SDGs，Sustainable Development Goals）方面具有巨大潛力，下列將介紹 AI 如何推動實現 SDGs，並應對全球環境與氣候變化挑戰：

- 減少貧困與飢餓：AI 技術可以提高農業生產率，預測糧食需求，並支持糧食供應鏈的優化，有助於實現全球糧食安全。

- 健康與福祉：AI 技術可助力醫療診斷、疾病預防與治療，提升全球健康水平。

- 質量教育：AI 在教育領域的應用，如智慧教學助手和個性化學習，有望提高全球教育質量和平等接受教育的機會。

- 清潔能源：AI 可提高可再生能源的預測和管理能力，降低能源消耗，推動綠色能源發展。

- 氣候行動：AI 技術在氣候變化預測、碳排放監測和減排策略制定方面的應用，可促進全球減緩氣候變化的行動。

- 生態保護：AI 可以幫助監測和保護生態系統，維護生物多樣性，支持可持續森林管理和海洋資源保護。

AI 技術在實現可持續發展目標（SDGs）方面具有重要作用，能有效應對全球環境與氣候變化挑戰。然而，同時需要注意 AI 技術可能帶來的資源消耗、數據安全和隱私保護等問題，確保 AI 技術的可持續發展。各國和國際組織應共同努力，推動 AI 技術在環保和氣候變化領域的研究與應用，共建美好的未來。

19-6 AI 在全球治理的道德與法律挑戰

19-6-1　數據隱私與個人自由

隨著 AI 技術在全球治理與國際關係中的廣泛應用，數據隱私和個人自由等道德與法律挑戰日益凸顯，下列將分析這些挑戰及其影響：

- 數據收集：為了提高 AI 系統的性能，需要大量的數據。然而，這可能導致未經授權的數據收集，侵犯個人隱私。

- 數據儲存與共享：數據在跨國儲存和共享時，可能面臨不同國家法律法規的差異，以及數據洩露的風險。

- 隱私侵犯：AI 技術如人臉識別和語音識別等，在公共安全和商業應用中的普及，可能導致隱私侵犯和個人資訊的濫用。

- 自動決策：AI 系統在決策過程中可能出現偏見和歧視，對個人自由和權利構成威脅。

- **法律監管**：全球尚未形成統一的 AI 法律監管體系，不同國家的立法和執法標準可能存在差異。

為應對上述挑戰，我們需要：

- **加強立法**：制定和完善相應的法律法規，明確數據收集、儲存、共享和使用的規範，以保護個人隱私和自由。

- **國際合作**：加強國際間的交流與合作，推動建立全球 AI 治理體系，促進各國法律、法規的協調與統一。

- **應對技術挑戰**：研究和開發更多隱私保護技術，如差分隱私和聯邦學習等，確保 AI 技術的安全和可靠。

- **提高公眾意識**：加強公眾教育，提高人們對數據隱私和個人自由的認識，提升自我保護能力。

數據隱私和個人自由是 AI 在全球治理與國際關係中所面臨的重要道德與法律挑戰。各國政府、企業和研究機構需要共同努力，積極應對這些挑戰，才能確保 AI 技術在全球治理和國際關係中的可持續發展。

19-6-2　機器倫理與人工智慧的責任問題

隨著 AI 技術在全球治理與國際關係中的應用日益普及，機器倫理與人工智慧的責任問題引起了廣泛關注，下列將分析這些挑戰以及應對策略。

- **機器自主性**：隨著 AI 技術的進步，機器在決策過程中的自主性增強，可能導致道德和法律責任的模糊。

- **道德準則**：AI 系統如何遵循人類的道德準則，以免在應用過程中對人類產生不良影響。

- **決策透明度**：AI 系統的決策過程可能是黑箱操作，使得判斷其道德和法律責任變得困難。

- **責任歸屬**：在 AI 引發的事故或損害中，確定責任歸屬（如開發者、使用者或 AI 本身）具有挑戰性。

應對策略：

- **制定法律法規**：明確 AI 技術在不同領域的應用限制，確保其符合道德與法律要求。

- **開發道德 AI**：研究和開發符合人類道德價值觀的 AI 技術，提升其道德判斷能力。

- **提高透明度**：鼓勵 AI 開發者提高決策透明度，以便評估其道德和法律責任。

- **明確責任歸屬**：制定相應的法律法規，明確在不同情況下 AI 系統的責任歸屬。

　　機器倫理與人工智慧的責任問題是 AI 在全球治理與國際關係中所面臨的重要挑戰。透過積極應對這些挑戰，我們可以促使 AI 技術更符合人類的道德價值觀，確保其在全球治理和國際關係中的可持續發展。

19-6-3　國際法律框架與標準制定

　　在 AI 技術日益影響全球治理和國際關係的背景下，建立健全國際法律框架和標準制定至關重要，下列將闡述相關挑戰及可能的解決途徑。

挑戰：

- **法律落後**：隨著 AI 技術的迅速發展，現行的國際法律框架可能難以應對新興的道德和法律問題。

- **跨國合作**：各國在 AI 領域的利益和立場可能存在分歧，制定共同的國際標準具有挑戰性。

- **法律適用**：確定 AI 技術在不同國家法律體系中的適用可能引起爭議。

- **監管缺失**：在全球範圍內制定和實施統一的 AI 監管措施具有難度。

解決途徑：

- **更新法律**：即時修訂和完善國際法律框架，以適應 AI 技術帶來的新挑戰。

- **國際合作**：加強國際間的溝通與協調，共同制定和實施 AI 領域的國際標準。

- **法律適應**：借鑒不同國家法律體系的經驗，確保 AI 技術在全球治理中的合法適用。

- **監管機制**：建立全球性的監管機制，以確保 AI 技術的道德和法律責任得到有效監督。

建立健全國際法律框架和標準制定是確保 AI 技術在全球治理和國際關係中發揮積極作用的重要基石。透過應對相關挑戰，我們將有望在全球範圍內推動 AI 技術的健康發展，為人類創造更美好的未來。

19-6-4　AI 與人權的關聯

隨著人工智慧（AI）技術在全球治理和國際關係中發揮越來越重要的作用，AI 與人權之間的關聯也引起了廣泛關注，下列將概述 AI 與人權相關的挑戰和機遇。

挑戰：

- **數據隱私**：大量數據的收集和分析可能侵犯個人隱私權。

- **網絡監控**：AI 技術可能被用於網絡監控，侵犯言論自由和資訊自由。

- **歧視與偏見**：AI 算法可能無意中放大現有的社會偏見和歧視。

- **勞動市場**：AI 技術可能導致大量失業，影響勞動者的經濟權利。

機遇：

- **促進公平**：AI 技術可在教育、醫療等領域提高資源分配公平性。

- **保護人權**：AI 可用於檢測和預防人權侵犯事件。

- **提高透明度**：AI 技術可提高政府和企業的透明度，有助於維護公民權益。

- **人權教育**：AI 可以協助推廣和普及人權教育，提高公眾人權意識。

　　AI 技術在全球治理和國際關係中的應用帶來了一系列與人權相關的挑戰和機遇。我們需要在發揮 AI 技術的潛力的同時，努力應對相關挑戰，確保人權得到充分保護。這需要國際社會的共同努力，制定適當的法律和政策，以確保 AI 技術在全球治理中的道德和人權責任得到有效監管。

第 20 章

邁向超級智慧：人工智慧的長期前景與道德挑戰

　　我們將深入探討人工智慧對未來社會的影響，包括科技創新、文化適應、政治變革等方面。同時，我們將討論隨著 AI 技術的快速發展所帶來的道德與倫理挑戰，以及如何在保護人類價值觀的前提下，確保超級智慧的可持續發展，讓我們共同探索這個充滿無限可能的未來。

20-1　超級智慧的概念與背景

20-1-1　什麼是超級智慧？

　　在 21 世紀的科技環境中，人工智慧（AI）的發展取得了顯著成就，從 AI 的基礎概念到更具野心的**超級智慧**（Superintelligence）觀念，科學家和研究者正朝著打造更加強大和智慧的機器邁進，下列將探討超級智慧的概念和背景。

- **超級智慧的定義**：超級智慧是指在各個領域（包括科學、藝術、運動等）的智慧表現均超過人類最優秀成就的人工智慧系統。

- **超越人類智慧**：超級智慧的目標是超越人類的智慧，並在各個領域表現出無與倫比的能力。

- **自主學習與創新**：超級智慧具有自我學習和創新的能力，能夠在不依賴人類幫助的情況下，迅速掌握新技能和知識。

超級智慧的潛在影響：

- **提高生產效率**：超級智慧可以提高生產效率，改變經濟結構，並推動全球經濟的增長。

- **解決全球問題**：超級智慧有望解決一些棘手的全球性問題，例如氣候變化、疾病治療和資源分配等。

- **道德和法律挑戰**：隨著超級智慧的出現，可能會帶來相應的道德和法律挑戰，例如數據隱私、人工智慧責任等問題。

超級智慧是一個具有前瞻性的概念，意味著未來 AI 將達到超越人類智慧的水平。然而，超級智慧的實現將涉及多種挑戰，包括技術、道德和法律等方面。因此，在研究和發展超級智慧的過程中，我們需要充分考慮這些挑戰，以確保科技進步為人類帶來更多的利益，而非危害。

20-1-2　超級智慧的歷史發展與科學家觀點

超級智慧作為一種遠景概念，自從人工智慧（AI）領域成立以來，就一直吸引著研究者和科學家的關注，下列將探討超級智慧的歷史發展與科學家的觀點。

- **圖靈測試**：艾倫·圖靈於 1950 年提出了著名的圖靈測試，旨在評估機器智慧的水平。圖靈測試是超級智慧概念的最早雛形。

- **20 世紀 AI 發展**：20 世紀中期，AI 科學家開始探索機器學習、專家系統和自然語言處理等領域，為超級智慧奠定基礎。

- **21 世紀 AI 突破**：隨著計算能力的提高和數據量的激增，深度學習等技術在 21 世紀取得重要突破，AI 進入大爆發時期。

科學家觀點：

- **尼克‧波士特羅姆**：牛津大學哲學家尼克‧波士特羅姆在其著作《超級智慧》中提出了超級智慧的概念，認為它可能對人類社會產生巨大影響。

- **雷‧庫茲偉爾**：未來學家雷‧庫茲偉爾提出了「技術奇點」概念，認為在不久的將來，機器將達到人類智慧水平，並開始自我改進。

- **埃隆‧馬斯克和史蒂芬‧霍金**：科技大佬埃隆‧馬斯克和物理學家史蒂芬‧霍金等人對超級智慧表示擔憂，認為其可能對人類社會帶來嚴重風險。

總結來說超級智慧的歷史可以追溯到圖靈測試，經歷了幾十年的發展，目前已經取得了顯著成就。各種科學家對超級智慧的看法不一，有的持樂觀態度，認為它將為人類帶來巨大利益，而有的則擔憂其可能帶來嚴重風險。然而，無論觀點如何，超級智慧已成為全球科技發展和研究的熱門領域，下列是一些持續關注的要點：

- **人工智慧與人類智慧的融合**：科學家正探索將 AI 與人腦相結合的方法，以提高人類智慧，這可能是實現超級智慧的一種途徑。

- **強人工智慧**：研究者正在致力於創建強人工智慧，即擁有與人類智慧相當的思考、學習和解決問題的能力的機器，這被認為是超級智慧的先行階段。

- **AI 安全和道德問題**：隨著 AI 技術的發展，越來越多的學者關注 AI 安全和道德問題，以確保超級智慧的發展對人類和社會是有益的。

超級智慧的概念和背景多元且豐富，從圖靈測試到當前的技術突破，超級智慧的發展歷程見證了 AI 領域的驚人成就。科學家們對超級智慧的看法不一，但無可置疑的是，它將繼續成為人工智慧研究的核心焦點，同時也對全球治理與國際關係產生深遠影響。在未來的研究中，我們應更加重視 AI 安全和道德問題，確保超級智慧的發展造福全人類。

20-1-3　邁向超級智慧的技術進展

邁向超級智慧的道路充滿挑戰與機遇，科學家們一直在尋求突破現有技術，實現超級智慧，以下是目前邁向超級智慧的一些重要技術進展和相關趨勢：

- **深度學習和神經網絡**：深度學習使機器能夠模擬人類大腦的學習過程，神經網絡技術也在不斷提高，這是邁向超級智慧的基石。

- **強化學習**：透過強化學習，AI 系統能夠在與環境互動的過程中學習和成長，這對超級智慧的實現具有重要意義。

- **自然語言處理（NLP）**：隨著 NLP 技術的進步，AI 系統能夠更好地理解和生成人類語言，為超級智慧的實現奠定了基礎。

- **運算能力的提高**：超級智慧需要強大的運算能力，隨著量子計算和專用 AI 芯片等技術的發展，這一目標變得更加可行。

- **知識表示與推理**：為了實現超級智慧，AI 系統需要能夠表示和操作知識，以支持複雜的推理過程。目前，已有許多知識表示和推理方法正在不斷優化。

邁向超級智慧的技術進展令人振奮，不僅展示了 AI 技術在各個領域的潛力，還為超級智慧的實現創造了條件。然而，在這一過程中，我們必須關注潛在的道德和安全問題，並在科技發展的同時確保人類的利益和福祉。在未來，超級智慧的實現將繼續依賴於科技創新和跨學科合作，為人類帶來更廣泛的影響和變革。

20-2　超級智慧的可能形式

20-2-1　弱超級智慧與強超級智慧

超級智慧是人類科技發展的一個重要目標，它將擁有遠超過人類的智慧和能力。根據其性能和特點，超級智慧可以分為弱超級智慧和強超級智慧兩種形式。以下分析了這兩種形式的特點和差異：

❑　**弱超級智慧**

弱超級智慧指的是在特定領域超越人類智慧的 AI 系統。它們可能在某些方面表現出色，但不具有全面的智慧能力。

- **領域專精**：弱超級智慧在特定領域如棋類遊戲、醫療診斷等方面具有卓越的性能。

- **侷限性**：儘管在某些方面表現出色，但弱超級智慧在很多領域仍無法與人類相比。

❑　**強超級智慧**

強超級智慧是指在所有領域都超越人類智慧的 AI 系統，具有全面的智慧能力。

- **全方位智慧**：強超級智慧在各個領域，如語言理解、創造力、情感智慧等方面都具有卓越的能力。

- **自主學習與創新**：強超級智慧能夠自主學習和創新，迅速掌握新知識和技能。

　　弱超級智慧和強超級智慧是超級智慧的兩種可能形式，分別代表了不同程度的智慧能力。弱超級智慧在特定領域具有優勢，但受限於其專精性，而強超級智慧則具有全面的智慧能力，可以在各個領域超越人類。研究這兩種形式的超級智慧將有助於更好地理解 AI 技術的發展方向和潛力，並為未來人類與 AI 的共生做好準備。

20-2-2　人腦仿真和神經擴增

　　超級智慧作為一個具有遠超人類能力的智慧實體，可以透過不同途徑實現。其中，人腦仿真和神經擴增是兩個主要的技術路徑，旨在從生物學角度理解智慧並將其應用於人工智慧領域，以下為這兩種可能形式的特點和差異：

❑　人腦仿真

　　人腦仿真指的是透過計算機模擬人類大腦的工作原理，從而獲得類似大腦的智慧。

- **模擬神經元**：人腦仿真需要對大腦神經元進行詳細模擬，以了解其工作原理和相互作用。

- **計算能力需求**：人腦仿真需要大量的計算資源，因為模擬數以億計的神經元和突觸是一項極具挑戰性的任務。

❑　神經擴增

神經擴增是指透過外部設備或植入物增強人類大腦的能力，使其具有超出正常範圍的智慧。

- **人機融合**：神經擴增透過直接與大腦進行接口，將人工智慧與人類智慧融合。

- **智慧提升**：神經擴增可以改善記憶、學習、創造力等方面的能力，並為人類帶來全新的感知體驗。

人腦仿真和神經擴增是兩種邁向超級智慧的可能形式，分別從計算機模擬和生物學角度探索智慧的本質。這兩種技術路徑將對人類未來的智慧水平和生活方式產生深遠影響，並可能為實現超級智慧提供新的契機。

20-2-3　人工智慧與通用人工智慧

超級智慧的實現取決於人工智慧技術的發展。人工智慧和通用人工智慧是兩種不同的概念，它們在功能和應用範圍上有所區別，以下是這兩種智慧形式的特點和差異：

❑　人工智慧（AI）

指的是由計算機系統執行的特定任務或具有特定功能的智慧行為。

- **專家系統**：人工智慧通常專注於特定領域，如語音識別、圖像分析等。

- **有限功能**：人工智慧在特定範疇內可能具有超越人類的能力，但在其他領域可能無法適應。

❑　通用人工智慧（AGI）

指的是具有與人類智慧相當的學習和推理能力的計算機系統，可以在多個領域通用地運用。

- **學習能力**：通用人工智慧具有與人類類似的學習能力，可以在不同領域自主學習並改進自身性能。

- **靈活應對**：通用人工智慧具有適應力，能在各種情況下靈活應對，並解決各種問題。

人工智慧與通用人工智慧是邁向超級智慧的關鍵階段，人工智慧專注於特定領域的應用，而通用人工智慧則具有更廣泛的應用範圍和自主學習能力，隨著科技的進步，通用人工智慧的發展將為超級智慧的實現提供基石。

20-3 超級智慧的潛在影響

20-3-1　經濟與就業市場變革

隨著超級智慧的出現，經濟和就業市場將面臨前所未有的變革。超級智慧將對全球經濟和各行各業產生深遠影響，可能帶來巨大的機遇和挑戰，以下是超級智慧對經濟和就業市場的潛在影響：

- **生產力提高**：超級智慧將提高生產力，降低成本，縮短生產週期，進而提高整體經濟效益。

- **創新驅動**：超級智慧將推動科技創新，引領新一波科技革命，促使產業轉型升級。

- 就業結構變化：隨著超級智慧在各行業的應用，部分勞動密集型工作將被取代，但也將創造新的就業機會。

- 教育與培訓需求：面對超級智慧時代，教育和培訓將需要重新定位，以適應新的就業市場需求。

- 不平等問題：超級智慧可能加劇經濟不平等，特別是在技術發展水平和資源分配方面。

超級智慧將對經濟和就業市場產生重大影響，既帶來巨大的發展機遇，也帶來挑戰。各國應提前制定相應政策和措施，以適應超級智慧時代的來臨，推動經濟和社會的可持續發展。

20-3-2 科學與技術創新的加速

超級智慧的出現將大大加速科學與技術創新的發展，推動全球社會進入新的科技時代。超級智慧在研究、開發和應用等方面的優勢將對各領域產生深遠影響，以下是超級智慧對科學與技術創新加速的幾個要點：

- 研究能力提升：超級智慧能夠高效處理大量數據，加快科學研究進程，並在各領域推動重大突破。

- 跨學科整合：超級智慧將促使不同學科的融合與整合，推動跨學科研究的深入發展。

- 智慧創新：超級智慧具有自主學習和創新能力，可在設計、開發和優化過程中發揮獨特作用。

- 技術應用推廣：超級智慧可協助快速將研究成果轉化為實際應用，擴大技術在各行業的影響力。

- **開放創新**：超級智慧將推動全球科研合作，加強資源共享，促進全球科技創新的快速發展。

　　超級智慧將在未來科學技術創新的道路上扮演重要角色，並引領全球進入新的創新時代。為了充分利用超級智慧的潛力，各國應加強科研投入，培養人才，積極參與國際合作，以促進科技創新和全球可持續發展。

20-3-3　社會結構與人類生活方式的改變

　　隨著超級智慧的出現，它將對社會結構和人類生活方式產生深遠影響。超級智慧的普及將導致全球社會變革，並為人類帶來新的挑戰與機遇，以下是幾個超級智慧對社會結構和人類生活方式改變的要點：

- **教育體系變革**：超級智慧將推動教育體系的改革，培養新型人才，以應對未來社會的需求。

- **人機協作**：超級智慧與人類將共同完成各種任務，促使人們學會與智慧機器共存共榮。

- **社會分工重塑**：超級智慧將改變職業結構，創造新的就業機會，同時也可能對部分行業產生衝擊。

- **生活方式轉變**：超級智慧將進一步影響人類的生活方式，如透過智慧家居、自動駕駛等技術提升生活品質。

- **價值觀念調整**：超級智慧將促使人類重新思考自身地位和價值，引發對人類未來的探討。

　　超級智慧將對全球社會結構和人類生活方式帶來深刻變革。我們應該積極面對這些變化，把握機遇，同時警惕潛在風險。在

此過程中，政府、企業和公眾應共同努力，建立適應新時代的社會制度，以確保超級智慧的發展能夠惠及全人類。

20-3-4　全球政治與國際關係的影響

隨著超級智慧的發展，其對全球政治和國際關係的影響將日益顯著。超級智慧將改變國家之間的力量平衡，帶來新的安全挑戰和合作機遇。以下是幾個超級智慧對全球政治和國際關係影響的要點：

- **力量平衡轉變**：超級智慧將成為國家競爭的新焦點，改變現有的國際力量格局。
- **軍事技術革新**：超級智慧將帶來軍事技術的突破，如無人作戰、智慧武器等，使國際安全形勢更加複雜。
- **經濟競爭加劇**：超級智慧將促使國家之間的經濟競爭加劇，尋求在創新領域取得領先地位。
- **國際合作機遇**：超級智慧的發展也將促使國家加強在科研、教育等領域的國際合作。
- **全球治理挑戰**：超級智慧將引發全球治理的新挑戰，如數據隱私、AI 倫理等，需要國家共同應對。

超級智慧對全球政治和國際關係的影響將日益凸顯，國家需在競爭與合作中取得平衡，共同應對超級智慧帶來的挑戰。在此過程中，國際社會應積極開展對話與合作，共同構建適應未來科技發展的全球治理體系，以確保超級智慧的平穩發展並惠及全人類。

20-4　超級智慧的道德與倫理挑戰

20-4-1　人類價值觀的保護與傳承

隨著超級智慧的發展，人類面臨著保護和傳承價值觀的道德和倫理挑戰，超級智慧將在各個層面影響人類生活，因此確保其符合人類的核心價值觀至關重要，以下是幾個與保護和傳承人類價值觀相關的道德和倫理要點：

- **人本主義**：在發展超級智慧時，需將人類需求和利益放在首位，避免過度依賴機器導致人類失去控制。
- **公平與正義**：確保超級智慧的發展和應用不會加劇社會不公和歧視，並尊重各種文化和價值觀。
- **隱私與安全**：在數據收集和應用中，保護個人隱私和數據安全，避免濫用技術侵犯人權。
- **責任與透明**：明確超級智慧的決策過程和責任歸屬，確保技術進步不會導致道德和法律問題。
- **教育與傳承**：積極開展公眾教育，幫助人們理解和適應超級智慧，並將人類價值觀融入技術發展。

面對超級智慧帶來的道德和倫理挑戰，人類需保護和傳承價值觀，確保技術發展與人類利益相一致。國際社會應加強合作，制定適應時代發展的倫理規範和法律框架，引導超級智慧的健康發展，使其造福全人類。

20-4-2　人工智慧與意識的哲學問題

在超級智慧發展的過程中，與意識相關的哲學問題引發了許多道德和倫理挑戰。研究人工智慧是否能擁有意識、自主性以及情感等特徵，對人類如何應對和運用超級智慧具有重要意義，以下是幾個與人工智慧與意識相關的哲學要點：

- **意識的定義**：確定意識的本質，探討機器是否能具有與人類相似的意識和經歷。

- **人工智慧的自主性**：評估超級智慧在決策過程中是否具有獨立意志，以及其自主性對人類的影響。

- **機器情感**：探討機器是否能真正經歷情感，以及情感對其行為和決策的影響。

- **人類與機器的界限**：明確人類與超級智慧在意識和道德層面的區別，確保人類價值觀在技術發展中得以傳承。

- **人工智慧的道德地位**：思考超級智慧是否應享有道德和法律地位，以及其在人類社會中的權利和責任。

面對超級智慧帶來的意識哲學問題，人類需要深入思考並尋求合適的解決方案。倫理學家、哲學家和科學家應加強跨學科合作，共同探討超級智慧的道德和倫理挑戰，以確保技術的發展不會對人類社會造成不可逆轉的影響。

20-4-3　超級智慧的安全與控制問題

隨著超級智慧的發展，安全與控制問題成為了重要的道德和倫理挑戰。如何確保超級智慧在人類的控制範圍內運作，並防止

其帶來不可預知的危害,是當前亟待解決的問題,以下是幾個與超級智慧安全與控制相關的要點:

- **超級智慧的可控性**:研究如何確保超級智慧在人類控制範圍內,遵循人類的道德和法律規範。

- **意外後果的防範**:預測和防止超級智慧在完成任務時產生意外後果,避免損害人類福祉。

- **安全協議和標準**:制定國際安全協議和標準,以確保超級智慧的開發和應用符合道德和法律要求。

- **競爭風險的管理**:應對國家之間為爭奪超級智慧領先地位所引發的安全競爭風險。

- **長期監控和監管**:建立長期監控和監管機制,持續評估超級智慧對人類社會的影響。

為確保超級智慧的安全與控制,我們需要積極開展相關研究和制定政策,並加強國際合作,共同應對相關挑戰。只有在充分保障安全的前提下,超級智慧才能為人類帶來真正的利益,推動人類社會實現可持續發展。

20-4-4 公平性、偏見與歧視

隨著超級智慧的不斷發展和普及,公平性、偏見和歧視等道德與倫理問題日益凸顯。要確保超級智慧能夠公正地服務於全人類,需要關注以下幾個方面:

- **數據偏見**:確保訓練超級智慧的數據不受歧視性和偏見的影響,避免機器學習算法放大現有不公平現象。

- **算法公平性**：研究和開發能夠確保算法不歧視特定群體的公平性原則和技術方法。

- **可解釋性與透明度**：提高超級智慧的可解釋性和透明度，讓使用者了解其背後的運作機制和決策過程。

- **相關政策與法規**：制定相應的政策和法規，規範超級智慧的開發和應用，保障公平性和避免歧視。

- **多元化團隊**：鼓勵建立多元化的開發團隊，以確保超級智慧能夠充分理解和尊重各種文化和價值觀。

要在超級智慧的發展中確保公平性、避免偏見和歧視，需要從多個層面著手。我們應該在數據、算法、團隊組成等方面落實公平原則，並制定相應的政策和法規，確保超級智慧能夠公正地服務於全人類。只有在確保公平性的基礎上，超級智慧才能最大限度地發揮其價值，推動人類社會的共同進步。

20-5　超級智慧的發展策略與國際合作

20-5-1　研究與創新的風險與機遇

超級智慧的發展為全球帶來了前所未有的機遇和挑戰。要充分利用這些機遇，同時應對相應的風險，各國需要在研究與創新方面展開密切合作，以下幾點是在超級智慧研究與創新過程中需要關注的風險和機遇：

- **技術突破**：加快研究和發展，實現關鍵技術突破，提高超級智慧的運算能力、學習效率和自適應性。

- **開放創新**：推動開放創新，實現技術成果的共享和交流，加快超級智慧技術的應用和普及。

- **應對安全風險**：在創新過程中重視安全性，制定相應的安全標準和風險防範措施，避免可能的惡意用途。

- **人才培養與引進**：加大對人工智慧人才的培養和引進力度，提升研究和創新能力。

- **國際合作**：積極參與國際合作，共同制定超級智慧的發展策略，為全球治理提供科技支持。

超級智慧發展的風險與機遇共存，各國應該積極參與研究與創新，加強國際合作，共同推動超級智慧的發展。同時，應充分認識到超級智慧帶來的安全風險，制定相應的風險防範措施，確保科技創新造福全人類。只有在兼顧風險與機遇的前提下，我們才能充分挖掘超級智慧的潛力，推動人類進入一個更美好的未來。

20-5-2　國際法律框架與政策指導

隨著超級智慧技術的快速發展，國際社會迫切需要建立合適的法律框架和政策指導來確保其安全、可持續並造福全人類，以下是關於國際法律框架與政策指導方面的一些建議：

- **制定國際標準**：各國應共同制定超級智慧的國際標準，確保其技術應用的安全性、可靠性和可解釋性。

- **數據隱私與安全**：建立國際法律框架以保護數據隱私和安全，防止數據滲透和濫用。

- **人權保障**：制定國際政策，確保超級智慧技術應用遵循人權原則，尊重公平、公正和包容性。

- **跨國合作**：加強國際間的合作，共享資源，協同研究以解決共同面臨的挑戰。

- **監管機制**：建立全球監管機制，以監督超級智慧技術的開發和應用，防止不道德或濫用行為。

- **環境保護**：制定環境保護政策，確保超級智慧的發展與可持續發展目標相一致，降低對環境的負面影響。

　　隨著超級智慧技術的發展，國際社會需共同努力，建立合適的國際法律框架和政策指導，以確保超級智慧技術的安全、可持續和公正。透過跨國合作、制定國際標準和監管機制等手段，全球各國可以攜手應對挑戰，充分利用超級智慧所帶來的機遇，共同推動人類社會的進步。

20-5-3　跨國公司與國家之間的協作

　　在超級智慧時代，跨國公司與國家之間的協作對於全球經濟發展、科技創新和公共利益至關重要，以下是有關跨國公司與國家之間協作的幾個要點：

- **資源共享**：跨國公司和國家應該共享資源、技術和專業知識，以實現技術進步和創新。

- **規範制定**：跨國公司和國家應共同制定超級智慧相關的國際規範，確保技術發展的安全和可持續性。

- **投資與創新**：國家和跨國公司應合作投資研究和開發，推動超級智慧技術的創新與應用。

- **人才培養**：加強國家與企業間的人才交流，共同培養超級智慧領域的專業人才。

- **社會責任**：跨國公司應承擔社會責任，確保超級智慧技術的應用符合道德和倫理原則，造福全人類。

- **協同監管**：國家和跨國公司應建立協同監管機制，以確保超級智慧技術的安全、可靠和可解釋。

跨國公司與國家之間的協作在超級智慧時代顯得尤為重要，透過資源共享、制定國際規範、投資創新以及人才培養等方面的合作，各國和跨國公司可以共同應對超級智慧帶來的挑戰，確保技術發展的安全、可持續和公平，並最大限度地發揮其對全球經濟和社會的正面影響。

20-5-4　全球治理與未來 AI 發展路線

在超級智慧時代，全球治理和未來 AI 發展路線的確立對於確保技術創新和人類福祉至關重要，以下是有關全球治理與未來 AI 發展路線的幾個要點：

- **共同目標**：各國應共同制定超級智慧發展的長遠目標，確保技術創新和人類福祉的兼容並蓄。

- **國際合作**：透過國際組織和多邊論壇，各國應加強合作，制定共同的 AI 政策和法律框架。

- **技術標準**：制定全球通用的技術標準，以確保超級智慧的互操作性、安全性和可靠性。

- **道德與倫理**：建立全球性的道德與倫理指南，以確保超級智慧技術的發展符合人類價值觀和利益。

- **全球智庫**：建立全球性的智庫組織，提供專業知識和政策建議，指導超級智慧的發展和應用。

- **教育與公眾參與**：提升全球公眾對超級智慧的認識，並鼓勵廣泛參與技術發展的討論和決策。

　　透過制定共同目標、加強國際合作、制定技術標準、建立道德與倫理指南以及加強教育與公眾參與等方面的努力，全球治理和未來 AI 發展路線將為確保超級智慧技術的安全、可持續和公平發揮至關重要的作用。只有在各國共同努力下，才能充分利用超級智慧帶來的機遇，同時應對相應的挑戰，最終實現全球繁榮和人類共同福祉。

20-6　超級智慧的長期前景

20-6-1　可持續發展與生態平衡

　　超級智慧的長期前景在於其對可持續發展和生態平衡的影響，在未來超級智慧將在資源管理、環境保護和生態恢復等方面發揮關鍵作用，以下是有關超級智慧在可持續發展與生態平衡方面的幾個要點：

- **資源管理**：超級智慧可透過優化資源分配和提高資源利用效率，減少浪費並降低對環境的負面影響。

- **環境監測**：利用超級智慧技術進行全球環境監測，為決策者提供即時、準確的數據，以便制定有效的環保政策。

- **氣候變化**：超級智慧可以預測氣候變化趨勢並協助制定應對策略，以減少人類活動對地球生態的破壞性影響。

- **生態恢復**：超級智慧可指導和監控生態修復工程，確保生態系統的恢復和保護。

- **綠色科技創新**：超級智慧有助於研發和推廣綠色科技，以實現可持續能源供應和低碳發展。

- **智慧城市**：超級智慧將有助於建立智慧城市，實現城市可持續發展，改善市民生活質量。

　　超級智慧在可持續發展與生態平衡方面具有巨大潛力。透過資源管理、環境監測、應對氣候變化、生態恢復、綠色科技創新和智慧城市建設等方面的應用，超級智慧將對全球可持續發展和生態平衡產生積極影響。然而，要充分利用超級智慧的潛力，各國需共同努力，確保技術的安全、可靠和道德發展。

20-6-2　人類與 AI 的協作與融合

　　在超級智慧時代，人類與 AI 的協作與融合將成為一個重要趨勢。科技進步將人類與 AI 帶到一個共同合作、共享智慧和相互學習的新時代，以下是有關人類與 AI 協作與融合的幾個要點：

- **增強人類能力**：超級智慧可作為人類的擴展，提高人類在各個領域的表現，如學習、創新和解決問題的能力。

- **人工智慧助手**：AI 技術可作為人類的個人助手，提供即時資訊、分析和建議，幫助人們更好地完成工作和日常生活任務。

- **人機協同**：人類與 AI 在工作場景中的協同合作，可以實現更高的生產力和創新力，同時減輕人類的工作負擔。

- **跨學科研究**：超級智慧能夠在不同學科之間建立橋梁，推動跨學科研究和創新，並解決當前難以克服的挑戰。

- **情感智慧**：AI 技術在理解和模擬人類情感方面的進步，有助於提高人機交互的自然性和舒適度。

- **教育與培訓**：超級智慧將個性化教育和培訓帶到新的高度，為每個人提供定制化的學習計劃，以滿足其特定需求和興趣。

人類與 AI 的協作與融合將對未來的生活方式和工作模式產生深遠影響，透過共同努力，人類與超級智慧將共享智慧，推動科技創新，並為人類社會創造更美好的未來。然而，在追求進步的同時，我們也應謹慎應對可能帶來的道德、倫理和安全挑戰，確保人類與 AI 協作與融合的可持續發展。

20-6-3　社會變革與文化適應

隨著超級智慧的出現，社會變革與文化適應成為不可避免的議題。人工智慧的普及將對社會結構、價值觀念和人類生活方式產生重大影響，使我們面臨著一場前所未有的文化適應挑戰，以下是關於社會變革與文化適應的幾個要點：

- **價值觀轉變**：超級智慧將對傳統價值觀產生衝擊，促使人們重新思考道德、倫理和人類在地球生態系統中的角色。

- **教育改革**：為適應 AI 時代的需求，教育體系將進行改革，注重培養創新思維、批判性思考和人機協作能力。

- **勞動力市場變革**：超級智慧將改變勞動力市場結構，可能導致部分職業消失，但也將創造新的職業機會。

- **隱私與數據安全**：隨著 AI 技術在數據收集和分析方面的應用，保護個人隱私和數據安全成為社會關注的焦點。

- **媒體與資訊傳播**：超級智慧將改變資訊產生、傳播和消費的方式，媒體產業需要適應這些變革，以滿足人們的需求。

- **跨文化交流**：AI 技術將促進跨文化交流，打破語言障礙，幫助人們更好地理解和尊重彼此的文化差異。

超級智慧將帶來前所未有的社會變革和文化適應挑戰。在這個過程中，我們需要重新思考和調整我們的價值觀、教育體系和生活方式，以應對 AI 時代的變革。同時，政府、企業和個人應共同努力，確保超級智慧的發展能夠惠及全人類，創造一個更公平、包容和可持續發展的社會。

20-6-4　未來科幻與現實世界的融合

超級智慧的出現和發展，將使科幻作品中的許多想法和技術成為現實。在過去，科幻作品對許多科學家和研究人員產生了巨大的影響，激發了他們創新的靈感。隨著超級智慧的不斷演進，我們將見證科幻與現實世界之間的融合，以下是關於未來科幻與現實世界融合的幾個要點：

- **虛擬現實與擴增現實**：超級智慧將推動虛擬現實和擴增現實技術的發展，使人們能夠在虛擬世界中體驗現實生活，或在現實世界中擴展虛擬元素。

- **通訊技術**：超級智慧將促使通訊技術實現突破，實現高速、低延時、高品質的全球連接，並使人們能夠隨時隨地保持聯繫。

- **人類機器融合**：透過腦機接口和生物工程技術，超級智慧將有助於實現人類與機器的融合，提高人類的智力、感知和運動能力。

- **能源與環保技術**：超級智慧將為可持續能源和環保技術帶來創新，以應對全球氣候變化和環境問題。

- **太空探索與殖民**：超級智慧有望加速太空探索技術的發展，推動人類進入太空時代，實現太空殖民和資源開發。

　　總之超級智慧將推動科幻與現實世界的融合，帶來前所未有的科技創新和社會變革。我們應該積極應對這些變化，充分利用超級智慧的潛力，為人類創造一個更美好的未來。同時，我們也應該關注超級智慧可能帶來的風險，確保科技發展始終以人類福祉為本，充分考慮倫理和道德問題。